JN320385

現代物理学[展開シリーズ]
倉本義夫・江澤潤一 編集
6

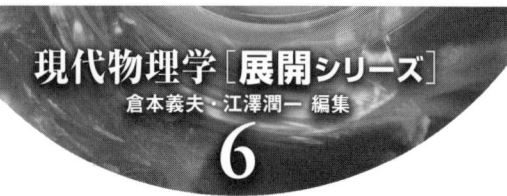

分子性ナノ構造物理学

豊田直樹・谷垣勝己
[著]

朝倉書店

編集委員

倉本義夫（くらもとよしお）　東北大学大学院理学研究科・教授

江澤潤一（えざわじゅんいち）　東北大学名誉教授

まえがき

　ナノ物質という言葉が流行りはじめたのは，確か90年代ではなかったかと思う．ここでいう「ナノ」とは長さの単位で，1ナノメートル (nm) = 10^{-9} m である．私たちの身の回りにある銅やダイアモンドのような物質は，一辺の長さが 0.3〜0.4 nm の単位胞が周期的に配列した結晶である．構造の最小単位として，これらの原子そのものが構造ブロック (building block) となる．いっぽう，フラーレンという分子 (C_{60}) では，サッカーボールと同様に辺を共有した5角形と6角形がつくる60個のサイトを炭素原子が占有している．この大きな分子 (超分子 – supramolecule – ともいう) は例えばアルカリ金属と結晶を作るが，この場合の構造ブロックはフラーレン分子とアルカリ金属である．ダイアモンドもフラーレン結晶も炭素原子でできていることには変わりはないが，構造ブロックという点では一方が原子で他方が分子という質的な相違がある．フラーレンはそれ自体の分子修飾とか，その籠の中に異種の原子を取り込む包摂という機能をも備えている．要するに，構造的な内部自由度が存在している．このような大きな分子が構造ブロックとなった結晶の単位胞は必然的に大きくなり，その意味では確かにナノ構造物質には違いない．しかし，より本質的なことは構造ブロックそのものに「人間の手を加えることができる自由度」があることではなかろうか．

　ところで，銅酸化物のあるものは高温超伝導という優れた電子機能を示し，ガリウム砒素という化合物半導体は情報化社会を支える必須の電子デバイス材料である．こういったすぐれた電子機能は，「原子間の相互作用」がもたらす特徴的な電子状態に基づいている．要するに，「構造ブロックとしての原子の組み合わせ」が重要となる．同様に，本書で取り上げる多くの分子性ナノ構造物質も構造ブロック間の相互作用・組み合わせが重要であるが，特徴的なのは先ほど述べた構造ブロックそのものに構造的および化学的自由度が存在することで

ある．ペリレンという芳香環状分子の結晶にハロゲン元素を添加した物質が歴史上初めての有機半導体として登場したのは，今から半世紀以上も前の，ちょうどDNAの構造が解明されたころの話である．わが国の3人の若き化学者(井口-松永-赤松)の手が加わった画期的な発見であった．

固体物理や固体化学の進む方向のひとつが，新しい構造ブロックをデザイン・合成・制御する研究へと展開するのはごく自然の成り行きであろう．われわれが実際に手を加えることができるレベルは未だ極めて単純で幼稚なものかも知れないが，さらに新しい構造ブロックを開拓しその構造的・化学的自由度を高度に使いこなせれば予期せぬ化学的・物理的機能や，生理的あるいは神経伝達的機能をも対象とするような物質科学・技術を構築できるかもしれない．90年代というまさに世紀末に流行りはじめた「ナノ物質」や「ナノテクノロジー」という言葉の背景には，こういった夢と期待を新世紀に繋げようとする時代の潮流，あるいは空気のようなものがあったと思う．それを具現化し加速したのが，物質で言えばフラーレンの発見(1985年)であり，道具でいえば走査型トンネル顕微鏡の発明(1982年)だったのではなかろうか．

筆者は分子性物質とその周辺の物性研究を生業としてきた．その経験をもとに，本書で取り扱うナノ構造物質として分子性の構造ブロックがつくる物質を取り上げ，それらの電気伝導性，磁性，誘電性，光物性等の電子物性を紹介する．具体的な物質としては，電荷移動型分子性結晶，フラーレンのような多面体物質，カーボンナノチューブなどである．執筆にあたって，こういった物質の示す電子物性や材料としての応用をなるべく平易に説明するよう努め，まだ定着していないが重要と考えられる事柄も含めた．読者の対象としては，初歩的な固体物理/化学の知識を有する学部生・大学院生を想定した．これからの物質科学を担う学生や若手研究者のさらなる勉学への入門書あるいはロードマップにでもなれば，筆者として望外の喜びである．

本書は大きく分けて2部構成となっている．前半は豊田が担当した．伝導・磁性の観点から分子性導体に関する研究の歴史を1章で概観し，2章では物質構造と電子状態に関する基礎的概念を説明する．有機導体の構造と物性を3章で，有機超伝導を4章で述べる．後半は谷垣が担当した．5章ではナノ結晶・クラスタ・微粒子，6章ではナノチューブ，7章でナノ磁性物質等の物質各論を展開し，8章ではナノ物質機能の電子デバイスへの応用を紹介する．

執筆に際して，齋藤理一郎，松本秀樹両氏から貴重なコメントを賜った．また本書の刊行に際しては，編集委員の倉本義夫氏，江澤潤一氏，朝倉書店編集部に大変お世話になった．ここに厚く御礼申し上げる．

2010 年 6 月

豊田 直樹・谷垣 勝己

目　次

1. 序論：歴史的概観 ……………………………………………………… 1
   1.1 分子磁石 ……………………………………………………………… 1
   1.2 有機導体 ……………………………………………………………… 3
      1.2.1 キャリア添加の源流 ………………………………………… 3
      1.2.2 準1次元金属 TTF-TCNQ の登場と電荷密度波の発見 … 3
      1.2.3 準1次元金属における超伝導の発見とスピン密度波 …… 5
      1.2.4 高次元化：準2次元 BEDT-TTF から3次元 Ni(tmdt)$_2$ へ … 5
   1.3 新しい炭素系物質：フラーレンとナノチューブ ………………… 6
   1.4 種々のネットワーク構造・多孔性物質の開発 …………………… 8
   1.5 室温超伝導への夢 ………………………………………………… 8

2. 基礎的概念 ……………………………………………………………… 11
   2.1 構造ブロック ……………………………………………………… 11
   2.2 分子軌道とフロンティア軌道理論 ……………………………… 13
   2.3 電荷移動 …………………………………………………………… 15
   2.4 結晶中でのバンド形成と強束縛近似 …………………………… 15

3. 低次元有機導体 ………………………………………………………… 19
   3.1 分子軌道と結晶構造 ……………………………………………… 19
      3.1.1 分子軌道 ……………………………………………………… 19
      3.1.2 結晶構造 ……………………………………………………… 20
   3.2 フェルミ面 ………………………………………………………… 23
   3.3 電子物性 …………………………………………………………… 25

3.3.1　電気伝導と光学的性質 ························· 25
　　3.3.2　熱的・磁気的性質 ···························· 32
　3.4　電荷やスピンの自由度による不安定性 ··················· 35
　　3.4.1　電荷密度波とスピン密度波 ······················ 35
　　3.4.2　スピン・パイエルス転移 ······················· 39
　　3.4.3　スピン液体 ······························ 41
　3.5　多体相互作用 ··································· 42
　　3.5.1　フェルミ液体 ····························· 42
　　3.5.2　ハバードモデル，電荷秩序，モット転移 ··············· 45
　3.6　温度・圧力相図 ································· 47

4. 有機超伝導体 ····································· 52
　4.1　はじめに ···································· 52
　4.2　ギンツブルグ–ランダウ理論 ························· 53
　4.3　超伝導転移 ··································· 58
　　4.3.1　異方性とゆらぎ ···························· 58
　　4.3.2　圧力依存性 ······························ 60
　　4.3.3　構造の乱れ ······························ 62
　4.4　超伝導パラメータ ······························· 64
　　4.4.1　$(TMTSF)_2X$ ······························ 65
　　4.4.2　$(BEDT\text{-}TTF)_2X$ ························· 66
　4.5　強磁場下での超伝導：ジャッカリーノ–ピーター効果 ··········· 67
　4.6　超伝導秩序の対称性 ······························ 69
　　4.6.1　クーパー対の対称性 ·························· 69
　　4.6.2　対称性による対状態の分類 ······················ 70
　　4.6.3　$\kappa\text{-}(BEDT\text{-}TTF)_2X$ 塩でのクーパー対状態 ··········· 72
　　4.6.4　$(TMTSF)_2X$ 塩のクーパー対状態 ·················· 83
　4.7　対形成機構と相互作用 ···························· 84
　　4.7.1　フォノンの役割 ···························· 85
　　4.7.2　非 s 波対形成の関する相互作用モデル ················ 86
　　4.7.3　対形成機構に対する実験からのヒント ················ 86

4.7.4　ユニバーサルな関係式 ………………………………… 90

5. ナノ結晶・クラスタ・微粒子 …………………………………… 95
　5.1　ナノ物質の構造と物性：総論 ……………………………… 96
　　　5.1.1　ナノ物質の構造 …………………………………… 96
　　　5.1.2　ナノ物質の変遷 …………………………………… 98
　5.2　ナノ物質の物性：基本的理解 ……………………………… 101
　　　5.2.1　階層構造と物性 ………………………………… 102
　　　5.2.2　内 部 空 間 ……………………………………… 103
　5.3　クラスタ・微粒子・ナノ結晶：各論 ……………………… 108
　　　5.3.1　Si, Ge, Sn 系ナノ多面体物質 …………………… 108
　　　5.3.2　III 族ナノ構造物質 ……………………………… 111
　　　5.3.3　炭素系ナノ多面体物質：フラーレン …………… 112
　5.4　ナノ構造物質の伝導と超伝導 ……………………………… 116

6. ナノチューブ ……………………………………………………… 123
　6.1　ナノチューブの合成と構造決定 …………………………… 123
　6.2　半導体エレクトロニクスとカーボンナノチューブ ……… 125
　6.3　CNT の電子物性 …………………………………………… 128
　6.4　ナノチューブの電子デバイスへの道 ……………………… 131
　6.5　CNT における量子伝導とスピン偏極 …………………… 134
　6.6　ナノチューブの総括 ………………………………………… 138

7. ナノ磁性物質 ……………………………………………………… 140
　7.1　伝導と磁性 …………………………………………………… 140
　7.2　電気伝導物質と磁性体の概観 ……………………………… 146
　7.3　分子磁性体 …………………………………………………… 149
　7.4　単分子磁石 …………………………………………………… 153
　7.5　スピン流：新しいスピン角運動量の概念 ………………… 155
　7.6　ナノ磁性物質の最近の話題 ………………………………… 157

8. ナノ物質機能の電子デバイスへの応用 ……………………… 161
8.1 物質の機能 ………………………………………… 161
8.2 ナノ構造が活用される種々のデバイス ……………………… 162
  8.2.1 発光素子 ………………………………………… 162
  8.2.2 分子半導体トランジスタ …………………………… 164
  8.2.3 電荷結合素子 …………………………………… 166
  8.2.4 太陽電池 ………………………………………… 167
  8.2.5 プリンタ感光体 ………………………………… 169
  8.2.6 高密度磁気記録素子 …………………………… 170
  8.2.7 ホトケミカルホールバーニング ……………… 171
8.3 次世代デバイス …………………………………… 171
  8.3.1 分子デバイス …………………………………… 171
  8.3.2 人工超格子と物性 ……………………………… 173
8.4 次世代デバイスの最後に ………………………… 174

索　引 ………………………………………………………… 177

1 序論：歴史的概観

分子磁性研究の源流は，種々の有機物質の磁化率の研究をはじめたファラデイ (M. Faraday) に遡ることができよう[1]．磁場勾配中に置かれた試料の重量変化を天秤で測り磁化率を算出する，いわゆるファラディ法を考案したと伝えられている．19 世紀中葉のことである．

20 世紀に入り量子力学を水素分子に適用したハイトラー–ロンドン (Heitler-London) 理論が 1927 年に発表され，結合軌道 (bonding orbital)，反結合軌道 (antibonding orbital) という**分子軌道**の概念が提案された．同年，ハイゼンベルグ (W. Heisenberg) はその 2 電子系に対して，電子間の**交換相互作用** (exchange interaction) という，パウリ (W. Pauli) の排他律に基づく量子力学的概念を導入した．水素分子をはじめあらゆる安定な分子の軌道はすべて上向きスピンと下向きスピンの 2 個の電子でもって占有されることが理解された．当時の興味の焦点はベンゼンなどの芳香環状分子に流れる反磁性電流の問題にあったとされる[2]．

1.1 分 子 磁 石

有機物質に磁石の性質をもたせるためには，化学結合を介した交換相互作用を使ってスピンが生き残るような有機ラジカル分子を合成し，さらにそのラジカル間でスピンを揃えるような強磁性的交換相互作用が必要となる．最初の**分子磁石**の発見は木下 (M. Kinoshita) らによる p-NPNN (*para*-nitrophenyl-nitronylnitroxide)，キュリー温度 $T_\mathrm{c} = 0.65\,\mathrm{K}$ であった[3]．スピン $S = 2$ をもつポリカルベン (polycarbene) の合成から四半世紀後の 1991 年のことである．現在まで多くの研究がなされたが，T_c は数 K の低温に留まっている．そ

の理由は，ラジカル分子上でスピン密度が空間的に広がっていることに加えて，一般的に分子間距離が長いために交換相互作用が不可避的に小さくなるからである．現在，こういった純有機物磁性以外に，不完全d殻，f殻をもつ遷移金属イオンや希土類金属イオンを積極的に導入して，構造ブロックとしての有機分子の化学的構造的特徴を生かした研究が行われている(本書7章，および文献[4〜7]参照).

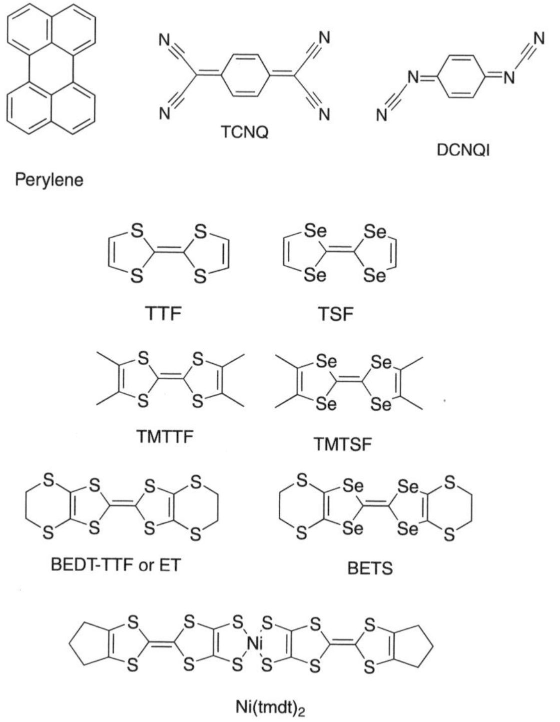

図1.1 分子性有機伝導体を構成する代表的な有機分子

1.2 有機導体

1.2.1 キャリア添加の源流

分子磁性の研究と平行して行われた有機導体に関する研究を概観しよう．最初の重要なステップが，赤松-井口-松永による臭素添加のペリレン結晶 (Br-doped perylene) (図 1.1) での高い電気伝導度の発見であった[8]．図 1.2 に示すように，室温で $10\,\Omega\,\mathrm{cm}$ 程度の低い抵抗率が得られ，温度の降下とともに増加する有機半導体が誕生したのである[*1]．この元素添加による伝導キャリアの導入という手法は，後年白川らによるハロゲンを添加した高分子アセチレン膜の発見 (1977 年) に継承された[9]．2 重結合 C=C と単結合 C–C が交替した高分子にヨウ素あるいは 5 フッ化砒素を添加することにより，12 桁も伝導度が上昇し $10^3\,\mathrm{S\,cm^{-1}}$ もの高い伝導度を有する金属になる．その後，透明な高伝導フィルムとして実用化されるとともに，1 次元の電荷・スピンソリトン等の基礎研究のモデル物質となった[*2]．

1.2.2 準 1 次元金属 TTF-TCNQ の登場と電荷密度波の発見

初めての分子性金属はフェラリス (J. Ferraris) やヒーガーのグループが 1972 年ごろ合成に成功した TTF-TCNQ という 1:1 錯体である．室温で $10^2 \sim 10^3\,\mathrm{S\,cm^{-1}}$ もの高い伝導度を示す．TCNQ (tetracyanoquinodimethane) はパラ・キノン (*para*-quinon) に結合した電子親和性の大きなシアン化メチレンで，平板上の電子受容性分子すなわちアクセプターである．いっぽう TTF (tetra-thiafulvalene) は 2 個の硫黄を含む 5 員環が中央の炭素 2 重結合でつながった対称な平板状分子である．これは，TCNQ とは対照的に電子供与性分子，つまりドナーである[*3]．TTF-TCNQ は電子の授受に関してまったく正反対の性質を持つ分子がそれぞれ独立に 1 次元的カラムを形成した電荷移動型金属である．結晶の外形は，カラム方向に伸びた針状である．電気抵抗は，図 1.2 にあるよ

[*1] この発見は，ワトソン–クリックによる DNA の構造モデルとほぼ同年，またベル研究所での点接触型トランジスターの原理の発見から約 7 年後になされた．

[*2] 白川 (H. Shirakawa) と共同研究者のマクディアミド (A. MacDiarmid)，ヒーガー (A. Heeger) にノーベル化学賞 (2001 年) が授与された．

[*3] TTF 関連の固体化学に関しては文献[11, 12]が詳しい．

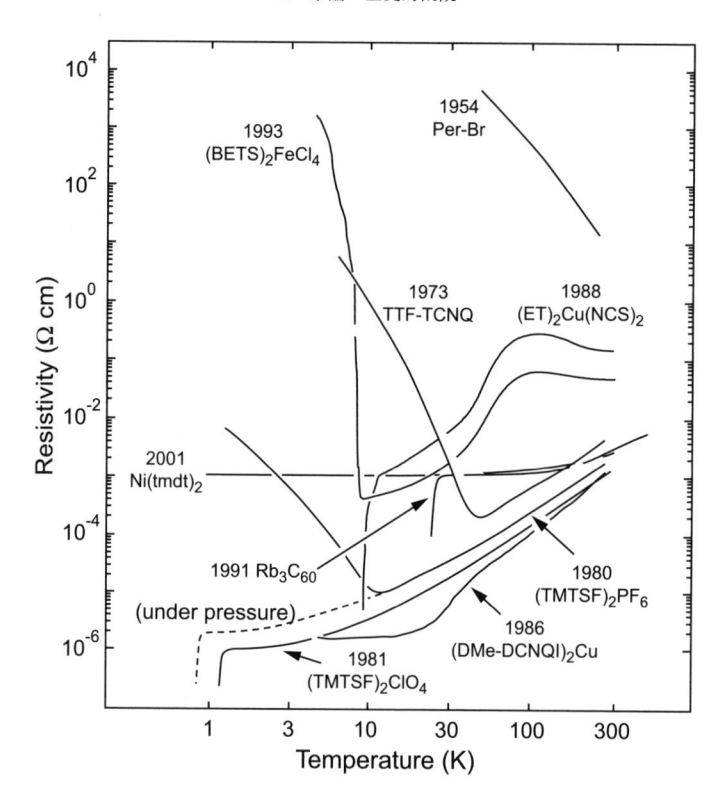

図 1.2 代表的な有機導体の電気抵抗の温度依存性. 文献[10].

うに室温から減少し金属的であるが, 55 K で電荷密度波の形成に対して金属が不安定化して絶縁体に転移する. 電荷密度波とは低次元の電子状態に内在する不安定性のひとつである. パイエルス (R. Peierls) による理論的な予言を実証したこの発見は, 化学–物理の間の学際的研究の一里程となるとともに, 低次元系の電子論の発展への幕開けにもなったといえるであろう[*1].

[*1] アルカリ元素のような 1 価の陽イオンラジカルとの 1:1 塩は, 平均として TTF 分子 1 個あたり 1 個の電子が占有する (1/2 充填) ため, 電子相関の強い絶縁体である. この系は, 1 次元ハバードモデル (Hubbard model) のモデル物質として研究された.

1.2.3 準1次元金属における超伝導の発見とスピン密度波

1980年，TTFの誘導体TMTSFドナー（図1.1）を構造ブロックとした$(TMTSF)_2PF_6$ (bis(tetramethyl)tetraselenafulvalene-hexafluorophosphate) が圧力下で超伝導転移を起こすことが発見された[*1]．8面体アニオンPF_6を4面体アニオンClO_4で置換した塩では，常圧下約1Kで超伝導となる．これらの系では，積層したドナーの直鎖上カラムに沿って1/4充填のバンドができる．したがって，伝導バンドが半分まで詰まった1次元的な金属となる．しかしこの低次元金属状態は，スピン密度波，スピンパイエルス状態，電荷秩序などの秩序相の形成に対して不安定となり絶縁体へ転移する．ドナーの化学修飾や圧力・磁場下での研究がなされ，いっぽう準1次元電子状態とその電子物性に関するモデル物質として，電荷やスピン自由度に起因する不安定化，ハバードモデルなどによる電子相関に基づいた理論的研究が進展した[10,12~16]．

TCNQの誘導体として合成されたDCNQI (N,N'-dicyanoquinodiimine) は，1価の金属イオンと2:1塩をつくる．たとえば，銅カチオンとの塩$(DCNQI)_2Cu$は図1.2にあるように低温まで準1次元的な金属状態を保つ．加藤(R. Kato)らのグループは，種々の置換基の化学修飾，特に水素の選択的重水素置換による合成と物性研究を行った．特に，銅イオンの電荷秩序を伴う金属・反強磁性絶縁体転移後さらに温度を下げると，絶縁体から金属に再転移する現象を発見した．これらのCu塩は，DCNQI鎖上の1/4充填の1次元的パイ電子とCu^{2+}イオンに局在するスピン$S=1/2$が強く相互作用するはじめてのπ-d系である[10,17,18]．

1.2.4 高次元化：準2次元BEDT-TTFから3次元$Ni(tmdt)_2$へ

80年代には，1次元から2次元，3次元への高次元化を目指した分子デザイン・合成がなされた．その結果，BEDT-TTF (bis(ethylenedithio)-tetrathiafulvalene，以下ETと略称) と種々のアニオン分子XからなるET_2X塩が合成された．この系は，ETドナーの2次元的配列層とXアクセプター層が交互に繰り返す層状構造をとる．したがって，2次元パイ電子系が絶縁体的

[*1] このドナーを合成したベッカード (K. Bechgaard) らコペンハーゲンの合成グループと低温圧力下での電気抵抗測定を行ったジェローム (D. Jérome) らのパリ大学物性実験グループとの学際的研究．

なX層を介して弱く結合した1/4充填の準2次元金属が安定となる．現在まで数多くの超伝導体が発見された．なかでも高分子状アニオンとして$Cu(NCS)_2$塩や$CuN(CN)_2Br$塩のT_cは，有機超伝導体としては初めて10Kを凌駕した．その詳細な電子状態は，外部磁場を印加して発現する種々の**磁気的量子振動効果**を用いて調べられた．いっぽう，超伝導状態や異常な金属状態をめぐって活発な研究がなされてきた[10,12,14,19]．また，ETのTTF骨格の硫黄をセレンに置換したBETS (bis(ethylenedithio)-tetraselenafulvalene) と4面体アニオン$Fe_xGa_{1-x}Cl_4$との2:1塩は，局在3dスピンと2次元的パイ電子の相互作用に起因した現象を示すπ-d系である[10,20]．

以上述べた分子性金属はドナーアクセプター2分子間の電荷移動に基づく2成分系の錯体であった．小林 (A. Kobayashi) らは，分子内の電荷移動に基づく1成分系金属$Ni(tmdt)_2$ (tmdt=tri(methylene)tetrathiafulvalene-dithiolate) (図1.1) を合成し，初めての3次元的な金属的伝導 (図1.2) を発見した[21]．

(有機分子性導体超伝導体の構造および物性は3章と4章で紹介する.)

1.3 新しい炭素系物質：フラーレンとナノチューブ

縮合多環式芳香族系の高次元化を目指していた大澤 (E. Osawa)[23] は，1970年C_{60}分子の存在を予言した (図1.3)．15年後，クロト (H. Kroto) らはグラファイトのレーザーアブレーションから飛来する赤外線を解析してその存在を実証した[24]．直径0.7nmのサッカーボール状の分子 (フラーレン分子ともいう) で[*1]，5角形と6角形が辺を共有した計60個のサイトを炭素原子が占有する．アルカリ金属との3:1塩で超伝導を示し，K_3C_{60}，Rb_3C_{60} (図1.2) のT_cはそれぞれ19K，28K，しばらくの間最高のT_cは$RbCs_2C_{60}$の33Kであった．最近，**反強磁性モット絶縁体**のCs_3C_{60}に約3 kbarの圧力を加えていくと，T_c = 38Kの超伝導に転移することが発見された[25]．

フラーレン分子は，そのクラスタ状の籠の中に異種原子を包摂するという機能を有している．現在まで，スカンジューム，チタンなどの金属元素，窒素や水素分子などを内包したフラーレンが得られている (5章，文献[26,27])．

[*1] 同様の構造をもったドームの設計者バックミンスター・フラーに因んで，バックミンスターフラーレン (Buckminsterfullerene) あるいはバッキーボール (Buckyball) ともよばれる．

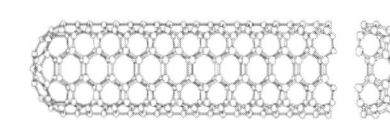

フラーレン C$_{60}$　　　　　カーボンナノチューブ
　　　　　　　　　　　　　　（アームチェア型）

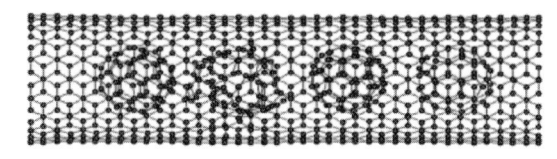

ピーポッド（えんどう豆）
（フラーレンを内包したナノチューブ）

図 1.3　新しい炭素系物質：フラーレン分子 C$_{60}$，カーボンナノチューブ (CNT)，フラーレン分子を内包したナノチューブでピーポッド (peapod，えんどう豆) (齋藤理一郎氏のご厚意による)

　いっぽう，フラーレンの合成過程の副産物としてチューブ状の物質が得られていたが，1991 年飯島[28]により**多層カーボンナノチューブ**と同定された．2 年後には，内包フラーレンの研究過程で単層のチューブが合成された (図 1.3)．ナノチューブは，グラフェンシート (単層グラファイト) が多層あるいは単層の同軸管状になった超分子で，直径 1 ナノメートル以下のものから数ナノメートルにわたるものが合成される．また，フラーレンと同様にゲスト原子や分子を内包する機能も有しており，実際フラーレン分子を周期的に内包した，ピーポッド (peapod，えんどう豆) のようなものまで合成されるようになった (図 1.3)．機械的強度，耐熱性，化学的安定性など優れた物理的化学的性質があり，多岐にわたる応用研究がなされている (6 章)．電子物性の観点からも今までの物質に存在しないきわだった特徴がある[29, 30]．まず電子論の観点からは，グラフェンシートの巻き方によって決まる**螺旋度** (カイラリティ，chirality) に依存して金属や半導体になる．もともと 3 次元的グラファイトは面間の相互作用により，伝導体と価電子帯に同数の電子と正孔が存在する半金属であるが，ナノチューブは直径がナノメートルの大きさのため，離散性が強く状態密度が発散的な電

子状態が実現する．この量子的サイズ効果以外にも，1 本のナノチューブ自体がマクロな物性を発現させる 1 次元的格子空間 (結晶) そのものであることに特徴がある．その意味では 1 次元的高分子と類似しているが，これまでの物質構造の概念を深化発展させた新しい超分子物質である (6 章)[*1]．

1.4 種々のネットワーク構造・多孔性物質の開発

IV 族元素 (C, Si, Ge, Sn) によって構成されるクラスレート化合物は古くから研究されてきた物質群であるが，その基本構造は 5 角形と 6 角形の面を共有してできる多面体の 3 次元的ネットワークである．1995 年山中 (S. Yamanaka) らは，Ba イオンが Si_{20} クラスタに内包された Ba_8Si_{46} を合成し，超伝導となることを発見した[31]．Ba 以外にも遷移金属イオン，希土類イオン等多種の金属イオンを内包する物質が開発され，熱伝導，超伝導，磁性等の物性とラットリングフォノンと呼ばれるゲストイオンの大振幅・非調和振動との関係が注目されている．これとも関連して，熱電変換物質としての応用研究もなされている (5 章).

いっぽう，80 年代末から 90 年代にかけて，今日 MCM-41 や FSM-16 などとよばれている「配列したメソ多孔性シリカ」の合成が黒田 (K. Kuroda) らおよびモービル社のグループによってなされた．これまで多くの多孔性物質が開発され，触媒，分子篩等の応用がなされている[32]．その最も重要な特徴は，2～10 nm の大きさを持つ孔 (pore) が物質中に周期的に配列していることにある．こういったナノスケールの空間を利用したガス吸着など多くの応用研究がなされている．また，ある種のゼオライトの空洞に導入されたアルカリ金属クラスタに局在スピンが発生し，強磁性的な秩序を示すことが野末 (Y. Nozue) らにより発見された[33]．

1.5 室温超伝導への夢

以上，電気伝導性や磁性など物性の観点からの分子性ナノ物質研究の発展過程を概観した．これまでの研究のひとつの目標が高い超伝導転移をもつ物質の

[*1] フラーレンやナノチューブの発見に至る「物語」は文献[22]に詳しい．

発見にあった，とも言えるであろう[*1]．1964年に発表されたリトル (W. A. Little) の理論は，強い電気偏極性を有する1次元高分子系が室温を凌駕する超伝導体になり得ることを予言した[35]．このモデルはエキシトン相互作用を介したクーパー対形成を仮定したものだが，これまでの有機超伝導の研究でこの可能性を支持する実験事実はない．多くの化学者がこれに挑戦してきたが，未だ見果てぬ夢である．

文　献

1) P. Day, Science **261**, 431 (1993).
2) L. Pauling, *The Nature of The Chemical Bond* (Cornell Univ. Press, Ithaca, New York, 1960).
3) M. Kinoshita et al., Chem. Lett. **1991**, 1225 (1991).
4) K. Itoh, M. Kinoshita, ed., *Molecular Magnetism, New Magnetic Materials* (Kodansha, Tokyo and Gordon and Breach, Amsterdam, 2000).
5) J. S. Miller, M. Drillon, ed., *Magnetism: Molecules to Materials* vol. 1-3 (Wiley-VCH, Weinheim, 2001).
6) S. J. Blundell, F. L. Pratt, J. Phys. Condens. Matter **16**, R771 (2004).
7) 山下正廣，榎　敏明,「伝導性金属錯体の化学」(朝倉化学大系15巻) (朝倉書店, 2004年)
8) H. Akamatsu, H. Inokuchi, Y. Matsunaga, Nature **173**, 168 (1954).
9) 解説として，白川英樹，日本物理学会誌，34巻，313 (1979)
10) N. Toyota, M. Lang, J. Müller, *Low-Dimensional Molecular Metals* (Springer Series in Solid-State Sciences, vol.154) (Springer-Verlag, Berlin Heidelberg, 2007).
11) J. Yamada, T. Sugimoto (ed.), *TTF Chemistry* (Kodansha Tokyo, Springer Berlin Heidelberg New York, 2002).
12) 齋藤軍治,「有機伝導体の化学」(シリーズ　有機化学の探検) (丸善, 2003年).
13) D. Jérome, Chem. Rev. **104**, 5565 (2004).
14) T. Ishiguro, K. Yamaji, G. Saito, *Organic Superconductors*, 2nd ed. (Springer, Berlin, 1998).
15) 鹿児島誠一 (編著),「低次元導体—有機導体の多彩な物理と密度波」(裳華房, 2000年)
16) G. Saito, Y. Yoshida, Bull. Chem. Soc. Jpn. **80**, 1 (2007).
17) R. Kato, Bull. Chem. Soc. Jpn. **73**, 515 (2000).
18) S. Hünig, E. Herberth, Chem. Rev. **104**, 5535 (2004).
19) 解説論文の特集として，Chem. Rev. **104**, No.11, J. Phys. Soc. Jpn **75**, No.5.
20) H. Kobayashi, H. Cui, A. Kobayashi, Chem. Rev. **104**, 5265 (2004).
21) A. Kobayashi, E. Fujiwara, A. Kobayashi, Chem. Rev. **104**, 5243 (2004).

[*1] 最近，ピセン (picene) という炭化水素分子の結晶に K や Rb を添加することにより最高18Kの超伝導体が発見された[34]．

22) 篠原久典,「ナノカーボンの科学」(ブルーバックス B-1566,講談社,2007 年)
23) 大澤映二,化学, **25**, 854 (1970).
24) H.W. Kroto et al., Nature **318**, 162 (1985).
25) Y. Takabayashi et al., Science **323**, 1585 (2009).
26) K. Tanigaki, K. Prassides, J. Mater. Chem. **5**, 1515 (1995).
27) O. Gunnarsson, *Alkali-Doped Fullerides–Narrow Band Solids with Unusual Properties* (World Scientific, Singapore, 2005).
28) S. Iijima, Nature **354**, 56 (1991).
29) R. Saito, G. Dresselhaus, M.S. Dresselhaus, *Physical Properties of Carbon Nanotubes* (Imperial College Press, London, 1998).
30) 齋藤理一郎,篠原久典 (編),「カーボンナノチューブの基礎と応用」(培風館,2004 年).
31) H. Kawaji et al., Phys. Rev. Lett. **74**, 1427 (1995).
32) O. Terasaki, ed., *Mesoporous Crystals and Related Nano-Structured Materials* (Studies in Surface Science and Catalysis, vol. 148) (Elsevier, 2004).
33) Y. Nozue et al., Phys. Rev. Lett. **68**, 3789 (1992) and Phys. Rev. B **48**, 12253 (1993).
34) R. Mitsuhashi et al., Nature **464**, 76 (2010).
35) W.A. Little, Phys. Rev. **134**, A1416 (1964).

2 基礎的概念

ここでは次章以下で述べる分子性ナノ物質の構造と物性の理解に必要な事柄を整理しておく.

2.1 構造ブロック

例えば銅という金属は面心立方対称性を有する結晶であるが,その繰り返しの最小単位は1個の銅原子である. 隣り合った原子が充分離れほとんど孤立した状態から互いを徐々に接近させると, 外殻軌道にある電子は結晶の対称性を反映した周期的ポテンシャルの影響を強く受けることにより, 配列空間に拡がった状態を形成する. 結晶性物質の熱力学的・電磁気的・光学的性質を理解しあるいは予測するには, まずこの拡がった電子状態を理解することが出発点となる.

本書でとりあげる構造を概念的に把握するために, 繰り返しの最小単位として「構造ブロック」(building block) を導入して, 分子積層系・マクロ超分子系・連続曲面系という3種類の周期的結晶を概念的に分類しよう. 図2.1は, 簡単化のためのモデル的な配列空間を示したものである.

1) **分子積層構造.** 複数個の原子からなるある集団が周期 a で配列した場合. この集団は分子あるいはクラスタとよばれる. 仮に2種類のブロック A, B の積層様式を考えると, 図1(a)に示すような2つの積層様式が得られる. まず, それぞれのブロックが独立に直鎖上あるいは面上に一様に積層する場合で, これを**分離積層** (segregating stack) という (図にはブロック A の積層だけを示す). この場合, それぞれの直鎖あるいは面は互いに弱く結合していることを仮定している. もうひとつが, A, B という2種類のブロックが交互に連なった場合で, **交互積層** (alternating stack) と

(a) 分子積層系

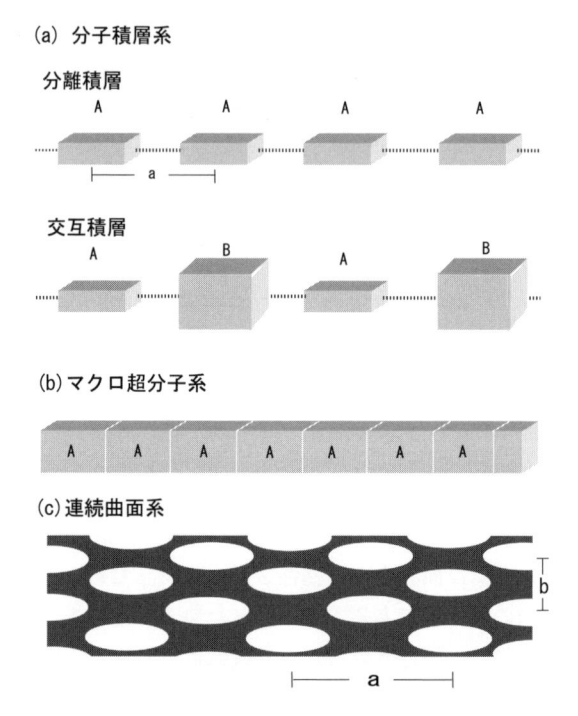

分離積層
A   A   A   A
|— a —|

交互積層
A   B   A   B

(b) マクロ超分子系
A A A A A A A A

(c) 連続曲面系

|↕b
|— a —|

図 2.1　概念的ナノ構造：(a) 分子積層構造，(b) マクロ超分子構造，(c) 連続曲面構造.

いう．この 2 種類の積層様式の具体例は，3 章および 4 章で扱う電荷移動錯体や，5 章のフラーレン化合物にみられる．構造ブロック間には種々の相互作用が働くが，主なものはファン・デル・ワールス結合，水素結合，配位結合，π 軌道相互作用などが知られている．

2) **マクロ超分子構造．** マクロなスケールの大きさをもつ超分子系で，それ自体が結晶空間を作っている．σ 結合などの共有結合が分子骨格を形成しある特定の方向に無限に伸びたものに多く見られ，高分子，カーボンナノチューブ (6 章)，DNA，たんぱく質など生体分子系がある．

3) **連続曲面構造．** 連続した多面体曲面が繋がったネットワーク系を指し，空洞 (cavity) あるいは 1 次元的なチャンネルといった**多孔性** (porous) をもつ物質にみられる (図では紙面に垂直に楕円の形をした空洞チャンネルが

配列している様子を示す).したがって,この空洞にゲスト物質を収容する自由度をもったホスト物質としての役割をもつ[*1].ゼオライトなどの界面活性剤,MCM41 等の多孔性物質,周期的な多面体ケージ構造をもつクラスレート化合物 (5 章) にみられる.

2.2　分子軌道とフロンティア軌道理論

上で述べたような特徴的な構造を有する物質の電子状態を考えるとき,分子あるいは構造ブロックに局在化しやすい軌道と非局在化しやすい軌道を峻別して用いると分かりやすい.**分子軌道** (molecular orbitals) は原子軌道の線型結合で表現されるが,炭素や有機分子系などでは s-, p-軌道の線形結合を扱えばよい.それぞれの分子軌道は逆向きのスピンをもつ 2 個の電子で占有されるが,分子軌道の数は構成元素の原子軌道の合計に等しい.

具体的な例として,フラーレン分子 C_{60}(図 1.3) の分子軌道を考えてみよう.この分子は,20 個の 6 員環と 12 個の 5 員環をもち,計 60 個の炭素原子で構成される.すべてのサイトは,隣接する炭素と 2 本の 1 重結合と 1 本の 2 重結合でつながり同等である.炭素原子の基底電子配置は,$(1s)^2(2s)^2(2p)^2$ であり,1s 軌道の 2 個の電子以外の 4 個の電子が 2s, 2p 軌道に入っている.したがって,$60 \times 4 = 240$ 個の電子が 120 個の分子軌道を占有することになる.その内訳は,90 個の σ 軌道と 30 個の π 軌道からなる[*2].図 2.2 にそのエネルギーダイアグラムを示す.

σ 軌道は共有結合にあずかって分子骨格を形成するため,図のように深い準位を,いっぽう局在性が弱く分子面にほぼ垂直に張り出している π 軌道は浅い準位を形成する.これらの**結合性軌道群**と約 2 eV のエネルギー・ギャップを挟んで対称的に 30 個の π^* 軌道,90 個の σ^* 軌道とよばれる**反結合軌道群**がくる.π 軌道のもっとも高いエネルギー準位のことを,**HOMO** (Highest Occupied Molecular Orbital,**最高占有分子軌道**),その直ぐ上の空の軌道を

[*1]　フラーレンやカーボンナノチューブ自体にも空洞が存在しホスト物質である.
[*2]　σ 軌道と呼ばれる sp^2 混成軌道は各サイトあたり 3 個,分子全体では計 180 個の電子を 90 個の軌道に収容し,いっぽう p_z つまり π 軌道は各サイトあたり 1 個,分子全体では計 60 個の電子を 30 個の軌道に収容する.

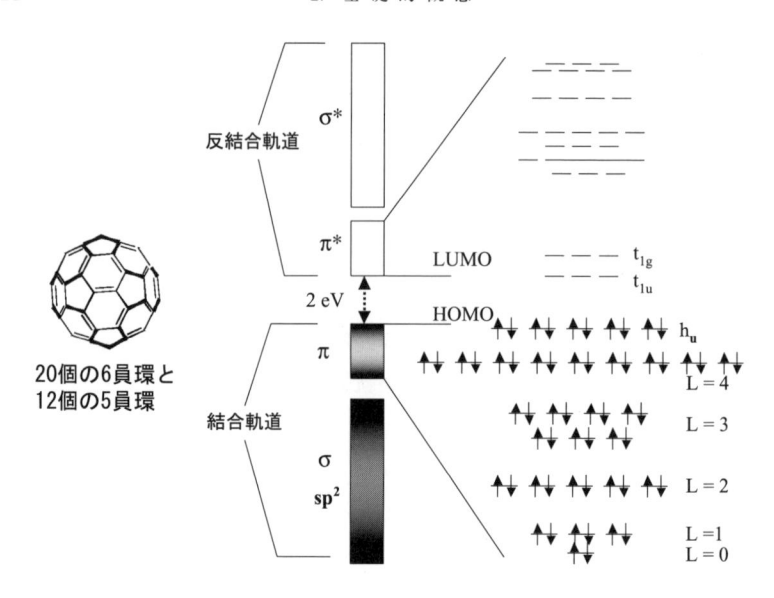

図 2.2　C_{60} の分子軌道と軌道準位

LUMO (Lowest Unoccupied Molecular Orbital，最低非占有分子軌道) という[*1]．

次に，分子間の相互作用を考えよう．ある分子が他の分子と互いに接近したり，あるいは外部から電磁波や光を照射させた場合，基底電子配置が変化する．これを広い意味で「化学反応 (chemical reaction)」という．福井–ホフマン–ウッドワード (Fukui-Hoffmann-Woodward) は，化学反応は HOMO と LUMO の対称性で規定される法則に従うと仮定するフロンティア軌道理論 (frontier orbital theory) を提唱した[*2]．本書で扱う物質もその例外ではなく，HOMO と LUMO およびそれに近接した軌道上の π 電子だけを考慮すればよい．この近似をヒュッケル (Hückel) 近似，σ^* 電子をも考慮した近似を拡張ヒュッケル (extended Hückel) 近似という．

[*1] C_{60} では，その高い対称性 (点群 I_h) から HOMO，LUMO それぞれ 5 重，3 重縮退している．
[*2] この理論をもとに多くの化学反応が予測でき，簡単な分子から生体系のようなきわめて複雑な分子にまで適用される．文献[1]．

2.3 電荷移動

電気的に絶縁体である物質に電気伝導性を付与するには,キャリア(電流担体)の導入が必要となる.その指針のひとつがマリケン(R.S. Mulliken)の電荷移動論である.

いま,比較的小さいイオン化ポテンシャル I_0 をもつ電子供与性の分子 D (donar) と比較的大きい**電子親和力** A をもつ電子受容性の分子 X (acceptor) を考える.これらの相反する性質をもつ分子を接近させたとき,次式のように D から X へ電荷量 δ が移動すると仮定する.

$$[D_m] + [X_n] \rightarrow [D_m]^{+\delta} + [X_n]^{-\delta}. \tag{2.1}$$

ここに,m と n は整数とする.この反応によりドナーは酸化され,いっぽうアクセプターは還元され,結果として $D_m X_n$ が生成される.ただし,この反応が起きるには電荷移動に要するエネルギー ΔE_{CT} が負でなければならない.

$$\Delta E_{CT} = I_0 - A - C < 0. \tag{2.2}$$

ここに,C はクーロン,電荷分極,交換エネルギーの寄与を含んだある定数である.もしこの電荷移動条件を満たせば,いわゆる**電荷移動塩(電荷移動錯体)**(charge transfer salt (complex),以下 CT 塩と略称)ができることになる[2].1 章で紹介した多くの電荷移動型の分子性半導体・金属やフラーレン化合物は,この指針に基づいて合成された[*1].

2.4 結晶中でのバンド形成と強束縛近似

電子物性を理解しあるいは予測するには,結晶中の電子状態に関する情報が必要不可欠である.その電子状態の理解に向けて,2 通りのアプローチが知られている.

[*1] いっぽう,異種の原子や分子をドープ(添加)することによって高伝導度をもつ物質が得られてきた.白川ら[3] によるハロゲン元素を添加した共役系ポリアセチレンはその典型である.このドーピングという手法でキャリアを導入する手法は,上で述べた電荷移動とはまったく異なる.この場合は,ドーピング量を制御することで伝導度を 10 桁以上も変化することが可能となる.

ひとつの立場が,伝導電子をほぼ自由なフェルミ粒子からなる気体と仮定する方法である.これは,アルカリ金属に代表される金属性物質で良い近似となるものである.電子気体は正に帯電したイオンの作る周期ポテンシャルのもとで運動するという,いわゆるバンド描像で理解される.

いっぽう,部分的に満たされたd殻をもつような遷移金属の電子状態を考える場合,これとは逆のアプローチが有効である.すなわち,d電子は遷移金属原子に比較的強く束縛され,原子間のd軌道の重なり積分のために幅の狭いバンドをつくる.このように局在性も強いが電気伝導も担う電子を**遍歴電子** (itinerant electron) という.これを出発点とする立場を**遍歴描像**といい,その近似として**強束縛モデル** (tight binding model) が知られている[7].図2.1 (a) のような分子積層系の場合,この近似が有効となる.要するに,非局在軌道としての分子軌道 (HOMO あるいは LUMO) が隣接分子間で重なることにより,結晶全体に広がった状態すなわち電子帯 (以下バンドとよぶ) を形成すると考える.

強束縛近似でのバンド分散は次式で与えられる.

$$E(\vec{k}) = 2t_a \cos(k_a a) + 2t_b \cos(k_b b) + 2t_c \cos(k_c c). \quad (2.3)$$

ここに,a, b, c は3つの主軸に沿った周期 (格子定数),$\vec{k} = (k_a, k_b, k_c)$ は電子の波数ベクトル,t_a, t_b, t_c は隣接分子間での**分子軌道の重なり積分** S_{ij} (overlapping integral) に比例し,ある分子サイト i から隣のサイト j へ飛び移るエネルギーを与える.t_{ij} を**移動エネルギー** (transfer energy) とよび次式で定義する.

$$t_{ij} = \frac{1}{2} K (E_i + E_j) S_{ij}. \quad (2.4)$$

ここに E_i は i 番目のサイトでのイオン化ポテンシャルであり,K は1程度の定数である[*1].

具体的に,構成ブロックとしてドナー分子を考え,2.3節で述べた価数状態 $[D_m]^{+\delta}$ にあるとしよう.簡単のために HOMO は軌道縮退していないと仮定

[*1] S_{ij} から t_{ij} への変換定数は定量的評価が難しい.この不正確さのためにバンド幅,フェルミエネルギーなどの定量的な議論は一般的に困難である.

し，次のような典型的な場合を考える．
1) $\delta = 0$：電荷移動がない中性の D 分子の HOMO は常に 2 個の電子によって占有される．したがって，重なり積分の有無に関係なく HOMO バンドはすべて占有され，空の LUMO バンドとの間にエネルギ禁止帯ができ絶縁体となる[*1)]．
2) $\delta = 1, m = 1$：HOMO が 1 個の正孔で占有されたドナーラジカルになり，HOMO バンドがちょうど半分まで占有された金属状態となる．これを **1/2 充填** (half-filling) という．
3) $\delta = 1, m = 2$：HOMO が 0.5 個の正孔で占有され，HOMO バンドは 1/4 まで占有された金属となる．これを **1/4 充填** (quarter-filling) という (電子描像では 3/4 充填)．

3 章および 4 章で述べる多くの電荷移動型塩では，1/4 充填の金属状態が実現する．このような系のドナーあるいはアクセプターは，平板状の分子であるため分子面を揃えて特定の方向に積層し，それを反映した低次元バンドを形成する．いっぽう，フラーレンのような球状の分子の場合は，これとは対照的に 3 次元的に等方的に積層して，立方晶系のような対称性の高い結晶とそれを反映した等方的なバンドを形成する．

ここで次元性を式 (2.3) で定義しておく．
1) $t_a \gg t_b, t_c$：準 1 次元電子系： 電子の運動が a 軸方向 (鎖方向) に強く制限され 1 次元的であるが，垂直方向にも弱く結合している．
2) $t_a, t_b \gg t_c$：準 2 次元電子系： 電子の運動が ab 平面に強く制限され，面間が弱く結合している．
3) $t_a \sim t_b \sim t_c$：3 次元電子系： 電子がすべての方向にほぼ等方的に運動できる．

上記 1，2 で定義した準 1，2 次元系における有限の鎖間あるいは面間結合の存在は，電子物性において重要な役割を果たしている．その理由は，理想的な 1 次元，2 次元系では長距離秩序は生じえない，という統計力学の原理による．電子物性で言えば，超伝導，磁気秩序，誘電秩序への相転移が有限温度で生じる

[*1)] これは結晶電子状態に関する一般則「単位胞に偶数個の電子を含む物質は必ず絶縁体になる」の例である．奇数個では金属になるが，サイト内あるいはサイト間に強いクーロン斥力相互作用があるときにはこの限りではない．

のは，鎖間や面間に有限の結合力が必要であることを意味している[*1]．

　強束縛近似は電荷移動塩では大変有効的な近似であるが，たとえばイオン化ポテンシャルの定量的評価など多くは半経験的な手法に依存している．定量的な評価を目的に密度汎関数法に基づく第 1 原理電子状態計算がいくつかの物質でなされている[*2]．

文　　献

1) S. P. McGlynn et al., *Introduction to Allpied Quantum Chemistry*, (Holt, Rinehart, and Winston, New York, 1972).
2) 齋藤軍治,「有機導電体の化学−半導体，金属，超伝導体」(丸善，2003 年)
3) 解説として，白川英樹，日本物理学会誌，34 巻，313 (1979)
4) 平山祥郎，山口浩司，佐々木智,「半導体量子構造の物理」現代物理学「展開シリーズ」(朝倉書店，刊行予定)
5) J-C. Charlier, X. Blase, S. Roche, Rev. Mod. Phys. **79**, 677 (2007).
6) 藤原毅夫,「固体電子構造−物質設計の基礎」(朝倉書店，1999 年).
7) 齋藤理一郎,「基礎固体物性」現代物理学「基礎シリーズ」第 6 巻 (朝倉書店，2009 年)
8) 金森順次郎，寺倉清之,「現代の物理学」第 7 巻 (岩波書店，2001 年) 2-3 章

[*1] 2 次元電子物性でいえば，半導体超格子の 2 次元界面に導入される電子系はきわめて例外的な 2 次元電子系であり，量子ホール効果というきわだった現象が発現する[4]．いっぽう，カーボンナノチューブは曲面という内部自由度を有するため，単純に 1 次元電子系とは違った電子状態や物性が発現する．これに対して，単層グラファイトであるグラフェン (graphene) は理想的な 2 次元系であり，ディラックコーン．(Dirac cone) と呼ばれる特異な電子状態が発現する[5]

[*2] 第 1 原理に基づく電子状態計算や分子動力学などに関しては文献[6,8]を参照．

3 低次元有機導体

ここでは，電荷移動型の有機導体の構造と電子状態，熱的・電気磁気的・光学的性質などの物性を紹介する．次に，電荷やスピンの関与した金属不安定性の問題，電子の多体相互作用を概観し，最後に温度・圧力相図を説明する．

3.1 分子軌道と結晶構造

3.1.1 分子軌道

典型的なドナー分子 TMTSF, BEDT-TTF (ET), BEDT-TSF (BETS) の HOMO，およびアクセプター分子 2-R1, 5-R2-DCNQI の LUMO を図 3.1 に示す．HOMO は TTF 骨格上の S や Se で大きく張り出している．つまり電子密度が高く[*1)]，LUMO は DCNQI イミノ基の N サイトで大きい．

分子間の軌道の重なり積分 (式 (2.4)) を $(TMTSF)_2PF_6$ について概念的に視覚化したものを図 3.2 に示す．ドナーあるいはアクセプターは分子の長軸を揃え，また分子面がなるべく平行になるように積層する．このとき隣り合う分子は互いの回転を抑えるように配位するが，軸方向へのズレと配向角度の自由度は残すのが一般的である．

[*1)] B_{1u} 対称 (D_{2h} 点群) により C–S 結合で節 (node) ができる．また，$3p_z$ 軌道関数のスレーター係数は炭素よりもカルコゲン原子で約 2 倍大きい．

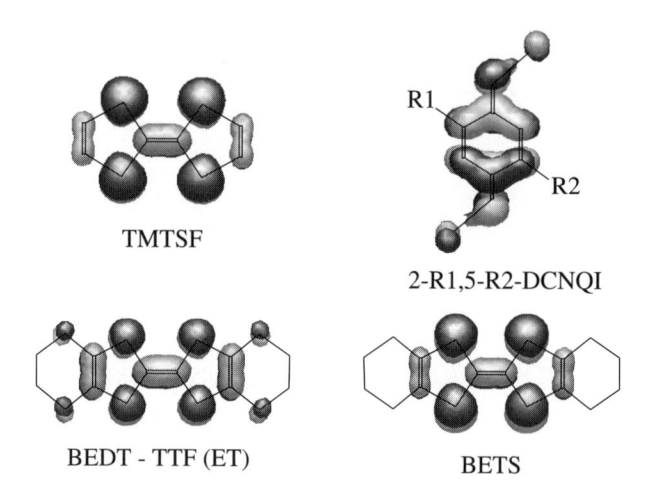

図 3.1 ドナー分子 (TMTSF, BEDT-TTF (ET), BEDT-TSF (BETS)) の HOMO, およびアクセプター分子 2-R1, 5-R2-DCNQI の LUMO (分子構造は図 1.1 を参照). 濃い灰色と薄い灰色はそれぞれ軌道波動関数の同位相, 逆位相成分に対応. 文献[4]).

3.1.2 結 晶 構 造
a. 準 1 次元系：$(TMTSF)_2PF_6$

1 章で述べたように，TMTSF ドナーは 1 価の 8 面体あるいは 4 面体アクセプターと 2：1 塩をつくり，$\delta = 1, m = 2$ の 1/4 充填のバンドをもつ (2.4 節参照)．1 章で述べたように，圧力下の PF_6 塩で最初の有機超伝導が発見された (図 1.2)．図 3.2 に結晶構造と TMTSF 分子面に垂直に伸びた π-分子軌道とその重なりを示す．互いの分子面を平行にしながら a 軸方向に積層 (face-to-face stacking) したカラムを形成する．

一般的に $(TM)_2X$ (TM = TMTSF, TMTTF) 系は反転対称性を有する 3 斜晶系で空間群 $P\bar{1}$ の同型構造 (isostructure) である[*1)]．カラム方向 (a 軸) で最も電気伝導度が高く，それにほぼ垂直な c 方向で最も低い．また，紙面にほぼ垂直な b 方向でその中間の値を持つ．この方向での Se-Se 間もファン・デル・

[*1)] この空間群は並進操作と反転操作に関する対称操作をもつ．並進対称操作だけをもつ P1 に次いで対称性の低い空間群である．

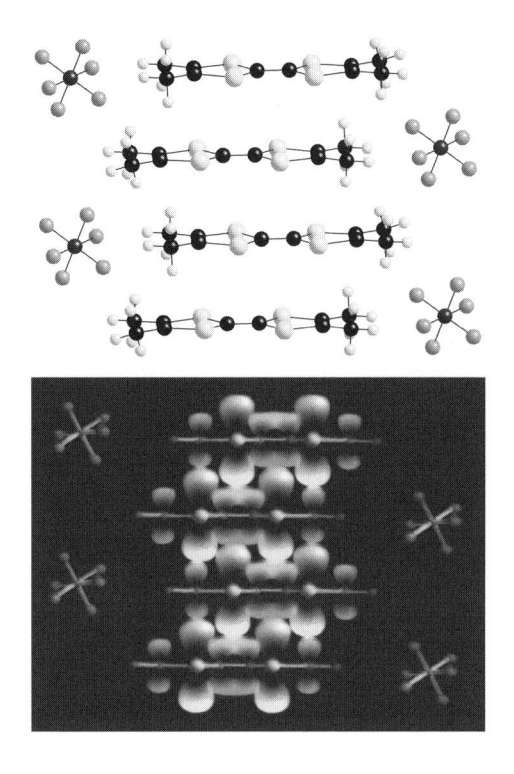

図 3.2 (上部) b 軸から少し傾いた方向から投影した (TMTSF)$_2$PF$_6$ 塩の結晶構造．(下部) 分子積層方向が a 軸で最も伝導度の大きい方向．構造データ (以降，格子定数 a, b, c の単位は nm，体積 V は nm^3，角度 α, β, γ の単位は °)：空間群 P$\bar{1}$, $a = 0.7292, b = 0.7711, c = 1.3522, \alpha = 83.39, \beta = 86.27, \gamma = 71.01$, $V = 0.713\,\text{nm}^3$, $Z = 1$ (単位胞にこの化学式の分子 1 組を含む)．

ワールス距離よりも短く，分子面の横方向の重なり (side-by-side stacking) があることを意味している．また，反転中心にあるアニオン PF$_6$ は ab 面のドナー積層を分離している．ドナーは図にあるようにジグザグしながら積層している．このためカラム内でのドナー分子の幾何学的配列は非等価となり，**2 量体化** (dimerization) する．

この系ではアニオン多面体の形状が重要である．PF$_6$ のような中心対称性をもつ 8 面体の結晶内での配向は一義的に決まるが，非中心対称な **4 面体アニオン** (non-centrosymmetric tetrahedral anion) ClO$_4$ などでは，配向について

の秩序・無秩序型の相転移が生じ，低温で**超格子** (superlattice) が形成されることがある．

b. 準2次元系：積層様式

TM 系が 1 次元的配列をとりやすい傾向にあるのに対し，分子間の横方向の重なりがより強い ET 系では種々のアニオンに依存した多様な構造が可能となる．ただし，ET 分子とアニオン分子がそれぞれ厚い層と薄い層を形成し，それらが交互に積み重なった層状構造をつくる点では共通している．図 3.3 には，ET 層内での典型的な配向様式を示す (詳細は文献[1])を参照).

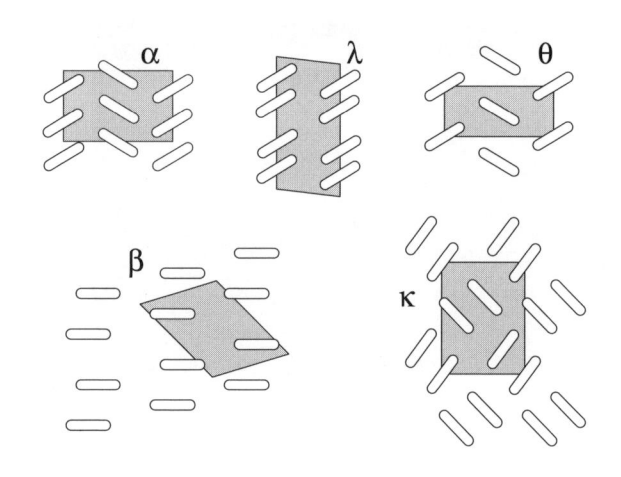

図 3.3 $(ET)_2X$ 塩での $\alpha-, \beta-, \kappa-, \theta-, \lambda-$ 型配向様式．ET 分子の長軸投影，灰色の 4 角は単位胞．単位胞にある独立な ET 分子の個数は，β と θ で 2，他はすべて 4 である．

まず，α 型は鰊の骨 (herring bone) ともいわれる構造，θ 型も同様である．β 型は TM 塩に似ているが，カラム間距離が短く 2 次元的となる．κ 型では，2 枚の ET 分子が 2 量体化しそれらが互いに井桁状に配置し，2 量体間および 2 量体内の重なり積分は同程度の大きさをもつ．λ 型では，カラム内での強い 2 量体性と同時にカラム間にも大きな重なり積分がある．

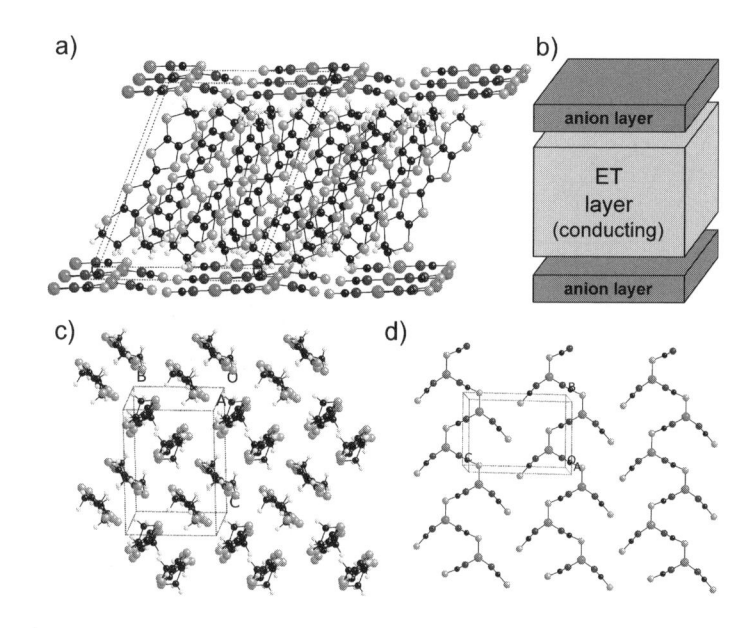

図 3.4 (a) κ-(ET)$_2$Cu(NCS)$_2$ の結晶構造 (点線は単位胞),(b) 薄い絶縁層と分厚い伝導 ET 層の模式図,(c) 分子の長軸投影による ET 分子の κ 型配向,(d) a^*-方向 (bc 伝導面に垂直) から見た高分子状アニオン配列.構造データ (単位は図 3.2 に同じ):単斜晶系,空間群 P2$_1$,a = 1.6248,b = 0.8440,c = 1.3124,β = 110.3,V=1.688,Z=2.文献[4].

高分子状アニオンを持つ κ-(ET)$_2$X の結晶構造

この系の高分子状アニオン X としては,Cu(NCS)$_2$,Cu[N(CN)$_2$]Br,Cu[N(CN)$_2$]Cl などが知られ,ET 系としては高い超伝導転移温度をもつ.図 3.4 に Cu(NCS)$_2$ 塩の結晶構造を示す (他の塩は,a^*-方向の周期が 2 倍である).結晶は単斜晶系で反転対称性をもつが,図 3.4 (d) にあるようにアニオン自体がつくる副格子には反転対称性はない.Cu[N(CN)$_2$]Br 塩の Br をイオン半径の小さい Cl に置換した系では,低温常圧下では**反強磁性モット絶縁体**となる.

3.2 フェルミ面

前節で示した結晶構造 (図 3.2, 3.4) をもとに,強束縛近似によるバンド分散

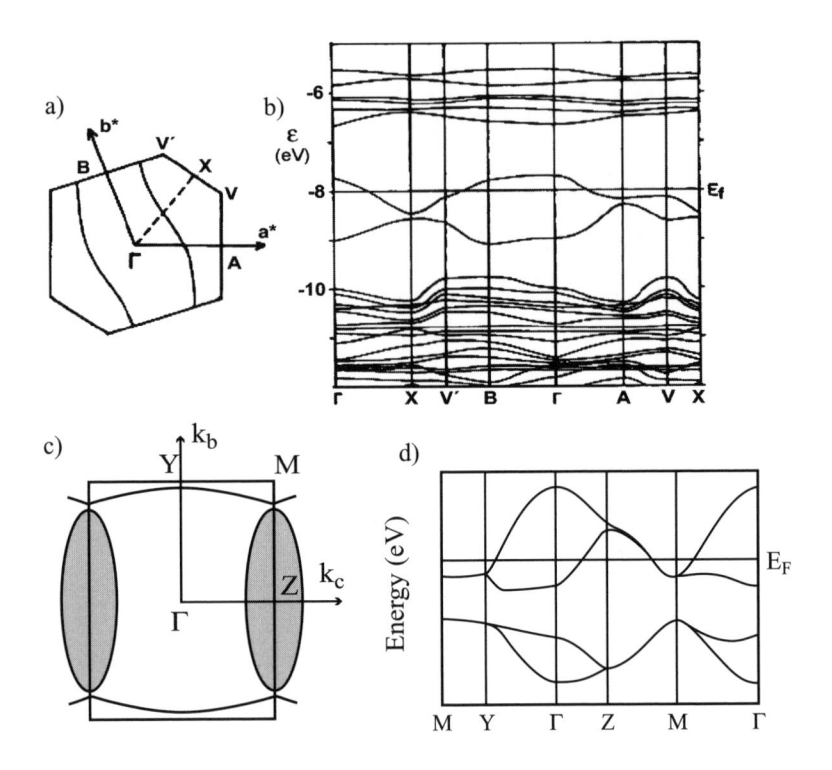

図 3.5 強束縛近似で計算されたフェルミ面と分散関係; $(TMTSF)_2X$ (a,b) と $\kappa\text{-}(ET)_2Cu(NCS)_2$ (c,d). フェルミ面は第 1 ブリルアンゾーンの伝導面 (それぞれ k_ak_b, k_ck_b 面) への投影図. 文献[4].

とフェルミ面を図 3.5 に示す. まず, $(TMTSF)_2X$ では, その強い 1 次元性を反映して波打った 2 枚のシート対が開軌道フェルミ面を形成する. k_b 方向への分散があるのは, カラム間にも有限な重なり積分 t_b (t_a の 1/10 程度) が存在するからである. κ 塩は, 単位胞に 4 枚の独立な ET 分子があり計 2 個の電子を収容している. したがって, フェルミ面の囲む体積は第 1 ブリルアンゾーンの体積に等しい. バンド計算では, k_c 方向に波打ったシート対がつくる**開軌道フェルミ面**とゾーン境界 Z 点を中心にしたレンズ型の**閉軌道フェルミ面**ができる. このように 2 種類のフェルミ面が生じる原因は, ある特殊な対称性の欠如によって ZM 線上での縮退が解けてギャップが開き, 2 つの軌道ができるから

である*1).

バンド分散に関しては，(TMTSF)$_2$X では 2 種類のバンドのうち高エネルギー側のバンドが半分まで詰まっており，1/4 充填の描像が成り立つ．いっぽう，κ-(ET)$_2$Cu(NCS)$_2$ では，4 つのバンドが **2 量体化ギャップ** (dimerization gap) を挟んで上下 2 組のバンドに分かれる．このとき，上側の 2 つのバンドが半分まで充填されることになる．したがって，キャリアの充填度は全体としては 1/4 であるが，上側のバンドでは 1/2 的になり**電子相関の強いモット絶縁体**に転移する可能性を示唆している．

3.3 電子物性

3.3.1 電気伝導と光学的性質

電気伝導 σ はドルーデモデル (Drude model) で，

$$\sigma = \rho^{-1} = \frac{ne^2\tau}{m} = ne\mu \tag{3.1}$$

と表せる*2)．ここに，n はキャリア密度，e は電荷，τ はある散乱から次の散乱が起るまでの平均時間で緩和時間 (relaxation time) あるいは寿命 (life time) とよばれる．また，m は電子質量，$\mu = e\tau/m$ はキャリアの易動度である．通常，質量 m は有効質量 m^* で置き換えられ，バンド分散 $E(\vec{k})$ の曲率に反比例する $(m^* \propto [\partial^2 E(\vec{k})/\partial k^2]^{-1})$．したがって，異方的なバンド分散の効果を有効質量の異方性で表すことができる[8]．

---

*1) こういった準 2 次元のフェルミ面のトポロジーや電子状態は，低温強磁場下での量子振動効果や磁気抵抗効果などの実験で詳しく調べられている．総称してフェルミオロジー (フェルミ学) という．詳しくは，専門書[2,3] を参照．また，低次元分子性金属に関しては，文献[4~6] が詳しい．また，強磁場下の電子はローレンツ力によって加速され，ゾーン境界を横切って 2 つの軌道間を飛び移ることが可能である．これを**磁気貫通効果** (magnetic breakdown) という．この効果は Cu(NCS)$_2$ 塩で観測され，その囲む面積は予想通り第 1 ブリルアンゾーンの面積に一致することが確かめられた．余談になるが，この磁気貫通現象にみられる振動波形に，アハラノフ–ボーム効果 (Aharanov-Bohm effect) として知られている量子干渉が観測された．この量子干渉効果は文献ではシュタルク (Stark) 干渉ともよばれているが適切ではない．Chambers-Shiba-Fukuyama-Stark 効果と呼ばれるべきものである．文献[4,7] 参照．

*2) 拡散定数 $D = (1/3)v_\text{F} l$ (v_F はフェルミ速度，$l(= v_\text{F}\tau)$ は平均自由行程) を用いると，$\sigma = 2e^2 N(E_\text{F}) D$．この式をアインシュタインの関係式 (Einstein's relation) という．

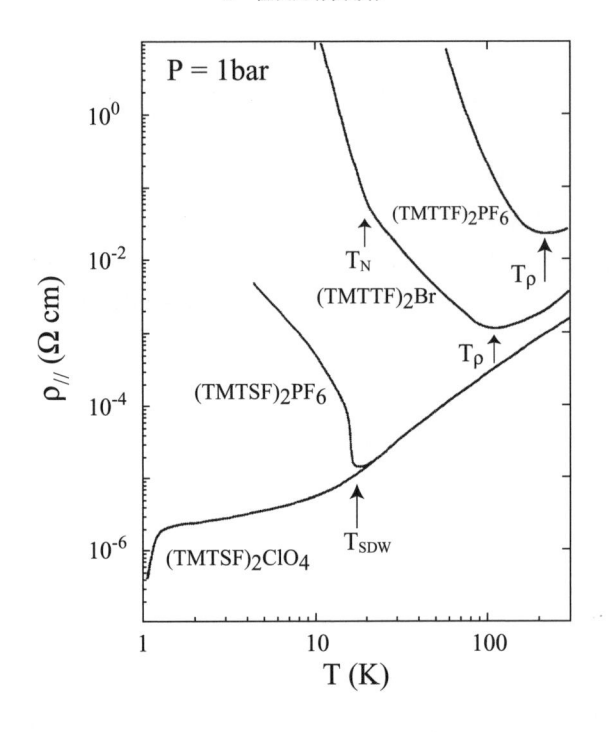

図 3.6 (TMTTF)$_2$X, (TMTSF)$_2$X での 1 次元鎖方向の電気抵抗 (1 気圧下) の温度依存性. 文献[9]).

(TM)$_2$X 系での抵抗の異方性は, $\rho_a : \rho_b : \rho_c = 1 : 200 : 30,000$ となり, 重なり積分の比 $t_a : t_b : t_c \simeq 10 : 1 : 0.1$ (TMTTF, TMTSF の t_a はそれぞれ $0.1 \sim 0.24\,\mathrm{eV}, \simeq 0.36\,\mathrm{eV}$) を反映している. a 方向の電気抵抗の温度変化を図 3.6 に示す. TMTTF では, 抵抗極小を示す T_ρ 以下の温度で**熱活性型の半導体的な状態へと変化する**. このような抵抗の振る舞いは, 1 次元鎖上での強い 2 量体化が生じる場合, あるいは 2 量体化は弱いがサイト上およびサイト間でのクーロン斥力 U, V が充分大きい場合期待される. いずれの場合も, 1/4 充填の 1 次元系におけるモット絶縁体の特徴と考えられる.

(TMTTF)$_2$PF$_6$ 塩では, $T_{\mathrm{SP}} \simeq 20\,\mathrm{K}(< T_\rho)$ より低温 (図 3.6 には示していない) でスピン・パイエルス (**spin-Peierls**) 的な非磁性的基底状態をとる (3.4.2 項参照). 圧力下では T_ρ と T_{SP} はともに低下するが, 10 kbar 以上では

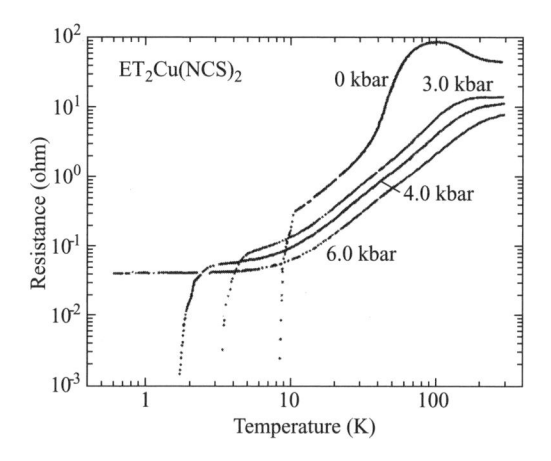

図 3.7 圧力下での κ-$(ET)_2Cu(NCS)_2$ 塩の面内電気抵抗の温度依存性. 文献[10].

スピン・パイエルス状態は抑制され，替わって $(TMTTF)_2Br$ 塩と同様の反強磁性秩序状態が出現する．

いっぽう，$(TMTSF)_2PF_6$ では金属領域がさらに低温まで安定となるが[*1]，約 15 K 以下の温度で絶縁体化する．内部磁場の発生にともなう NMR 共鳴線がブロードニングを起こすことからスピン密度波への相転移であると検証された．1 章にも述べたように，圧力下ではこのスピン密度波をともなう絶縁体は不安定となり超伝導金属へと転移する．

多くの $(ET)_2$ 塩はヘリウム温度程度の低温まで金属的な電気伝導を示すが，その温度依存性に 2 種類ある．ひとつは，単調に抵抗が減少する場合で，他のひとつが 100 K 近傍でブロードな極大をとる場合である．後者の例を図 3.7 に示す[*2]．抵抗極大は圧力とともに抑制され，ある程度以上の圧力では単調な温度変化になる．

抵抗は 45〜50 K 域に変曲点をもち，この温度を T^* と定義する．T^* を境に多くの物性に異常が観測されるが，電気抵抗はこの温度よりさらに低い温度

[*1] この理由は，S に比べて Se の π 軌道の空間的な拡がりがより大きく，その結果重なり積分も大きくなるからである．
[*2] この抵抗極大現象は，単結晶合成で使用する溶媒が原因との指摘があり，外来的な要因の可能性が高い[11]．

$T \leq T_0 < T^*$ で, $\rho(T) = \rho_0 + AT^2$ の依存性を示すことが指摘された. この依存性は β 型や TMTSF 塩などでも観測される. その原因として, 遷移金属や重い電子系で観測される強い電子-電子散乱の効果の可能性が議論された. その場合, 比例係数 A は電子比熱係数 γ の 2 乗でスケールされ, $A \propto (1/E_\mathrm{F}^*)^2 \propto m^{*2}$ (ここで E_F^* は有効的なフェルミエネルギー, m^* は有効的な準粒子質量) となる. したがって, 系の物性を制御するパラメータ x を系統的に変えても, $A(x) \cdot T_\mathrm{F}^*(x)^2 \propto A(x) \cdot E_\mathrm{F}^*(x)^2$ ($T_\mathrm{F}^* = E_\mathrm{F}^*/k_\mathrm{B}$) は変化しないはずである. しかし, 先述したように溶媒依存性や圧力依存性などの結果から, このスケーリング則は破綻していることが指摘され, T^2 依存性の起源を電子間相互作用に求めることには矛盾がある[11],[*1].

一般的に, エネルギーや波長域の異なる電磁波を使って固体のさまざまな励起状態を調べることができる[*2]. 具体的には, 波数がほぼゼロ近傍での電子, 磁気, 振動 (格子振動や分子振動) 等の励起状態に関する知見をもたらす[8],[12] 低次元有機導体に関しても, 赤外分光, ラマン分光など多くの研究がなされている[13]. 金属での光学スペクトルは, 伝導電子, フォノン, 電子のバンド間遷移などから成り立っているが, 図 3.8 はこれらの寄与を反射率と電気伝導率で示した模式図である. 伝導電子の応答はドルーデモデルで記述できる. 周波数に依存する光学伝導率 $\tilde{\sigma} = \sigma_1(\omega) + i\sigma_2(\omega)$ は,

$$\tilde{\sigma}(\omega) = \frac{ne^2\tau}{m} \cdot \frac{1 - i\omega\tau}{1 + \omega^2\tau^2} \tag{3.2}$$

[*1] 抵抗の温度依存性を実験で決定するとき, 圧力一定下, すなわち定圧下で行い試料の熱膨張に伴う体積変化の補正はなされないのが普通である. いっぽう, 物理的機構を論じる場合は体積一定, すなわち定積下であることを暗黙裡に仮定している. このことは, 分子性物質のように熱膨張係数の大きな物質では低温といえども特に注意する必要がある. これは, 電気抵抗の圧力依存性と符合しており, 室温では $\partial \ln \rho / \partial p \simeq -20\,\%/\mathrm{kbar}$ の大きな値をもつ. ここでの注意事項は, 電気抵抗という物理量に限ったことではない. たとえば, 定圧比熱と定積比熱の違いを考えると良い.

[*2] 以下, 電磁波として紫外光まで含めてその波長は 100 nm もあり, 結晶の周期よりもはるか長く, 電子や原子からみれば電場の空間変化は無視できる場合が多い. 物理的には, 時間的に変化する電場 $E(t) = E_0 \exp(-i\omega t)$ に対する応答をみることになる (実質的にはブリルアン域の $q = 0$ 近傍での応答).

3.3 電子物性

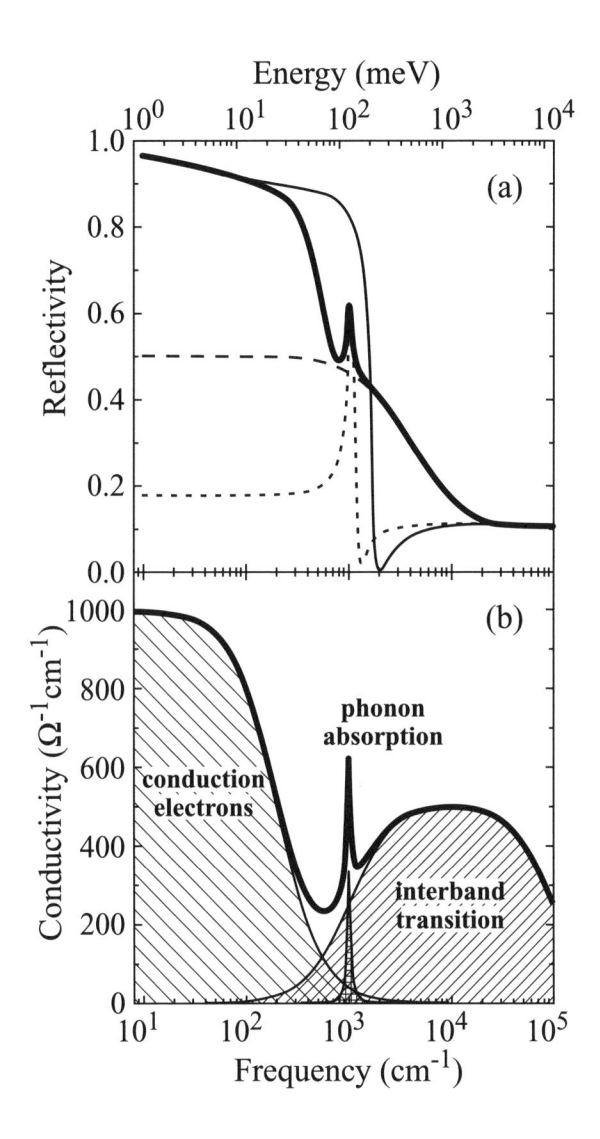

図 3.8 典型的な有機導体における反射率および伝導率スペクトルの模式図. (i) 伝導電子による寄与 (細い実線), (ii) バンド間遷移 (ダッシュ線), および (iii) 単一フォノン ($1000\,\mathrm{cm}^{-1}$) (点線). 太い実線はこれらの寄与の合計である. 文献[13].

で与えられる[*1]. 伝導度の実部 σ_1 の積分に関する総和則が成り立つ.

$$\int_0^\infty \sigma_1(\omega)d\omega = \frac{\pi n e^2}{2m} = \frac{\omega_\mathrm{P}^2}{8}. \tag{3.3}$$

ここに ω_p はプラズマ周波数

$$\omega_\mathrm{p} = \left(\frac{4\pi n e^2}{m_\mathrm{P}}\right)^{1/2} \tag{3.4}$$

である.

電子・フォノン相互作用や電子間相互作用のような多体効果により，**再規格化された電子質量** m^* (renormalized mass) が定義される (3.5 節参照). したがって，キャリア密度が既知であればプラズマ周波数 ω_P を測定することにより再規格化された電子質量を決定できる．この質量 m_P を**光学的質量** (optical mass) という．量子振動効果などで求まるサイクロトロン有効質量がフェルミ準位近傍の電子状態で決まるのに対して，光学的質量は伝導バンドを占有する電子全体の集団的励起状態によって決まる．

つぎに，フォノンによる光吸収はローレンツモデル (Lorentz model) で記述され，複素誘電率 $\tilde{\epsilon} = \epsilon_1(\omega) + i\epsilon_2(\omega)$ は次式で与えられる[*2].

$$\tilde{\epsilon}(\omega) = 1 + \frac{\omega_\mathrm{p}^2}{(\omega_0^2 - \omega^2) - i\omega/\tau} \tag{3.5}$$

ここに，ω_0 は振動子の周波数，$1/\tau$ はその減衰率，ω_p は振動子強度である．

バンド間遷移は中赤外から近赤外 (可視光域にも) にわたるブロードな吸収として観測される．$\sigma(\omega)$ は各ローレンツ振動子の和

$$\tilde{\sigma}(\omega) = \sum_j \frac{\omega_{\mathrm{p}j}^2}{4\pi} \cdot \frac{\omega}{i(\omega_{0j}^2 - \omega^2) + \omega/\tau_j} \tag{3.6}$$

として与えられる．

図 3.9 に κ-$(ET)_2Cu(NCS)_2$ の室温 300 K と 12 K でのスペクトルを示す．室温ではきわめて小さなドルーデ的な寄与しか見られないが，50 K 以下の低温では低周波域で急峻になる．その幅は約 $40\,\mathrm{cm}^{-1}(65\,\mathrm{K})$ ときわめて狭く，κ-

---

[*1] 実部の周波数ゼロの極限 ($\sigma_1(\omega=0) \equiv \sigma_\mathrm{dc}$) は式 (3.1) で与えられる.
[*2] 複素伝導率と複素誘電率の関係式は，$\sigma_1(\omega) = (\omega/4\pi)\epsilon_2(\omega)$ および $\sigma_2(\omega) = (\omega/4\pi)[1-\epsilon_1(\omega)]$.

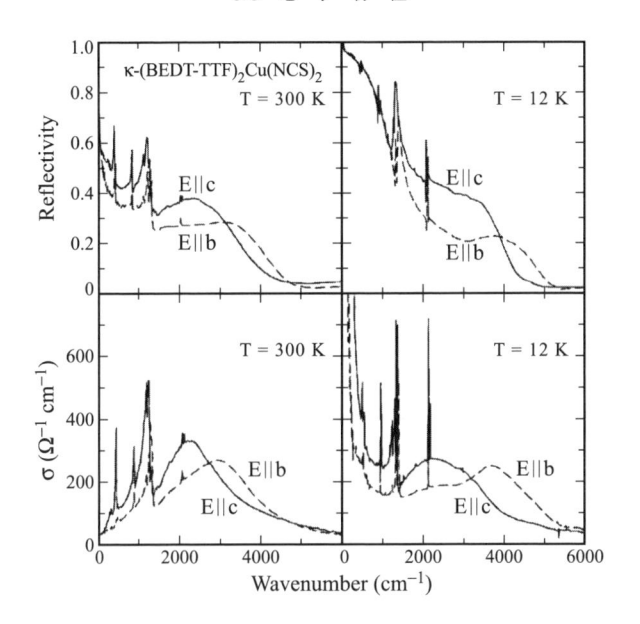

図 3.9 $\kappa\text{-}(ET)_2Cu(NCS)_2$ の光学反射率と伝導率スペクトル．温度 $T = 300\,\text{K}, 12\,\text{K}$，電場偏光 $E \| b, E \| c$．文献[14]．

$(ET)_2X$ 系列ではほぼ同じである．温度を下げると低周波側のスペクトル強度は増大し，中赤外での強度は減少する．いっぽう，$\kappa\text{-}(ET)_2Cu[N(CN)_2]Cl$ では，図 3.10 に示すように，50 K 以下ではスペクトル強度が高周波数側にシフトし，約 900 cm^{-1} のギャップが開く．このスペクトル変化は，強いクーロン相互作用によるモットの金属絶縁体転移として理解される．

いっぽう，このような電子遷移以外に分子振動に起因する鋭い吸収ピークがみられる．その吸収波形に見られる非対称性は，いわゆる分子内振動と結合する電子励起による．これを**電子・分子振動結合** (electron-molecular vibration (EMV) coupling) というが，だいたい 400～1600 cm^{-1} 域に見られる．また，低エネルギーの格子振動は分子自体が大きいためより低いエネルギー領域 (200 cm^{-1} 以下) で観測され，電子・フォノン相互作用に関する重要な知見を与える．

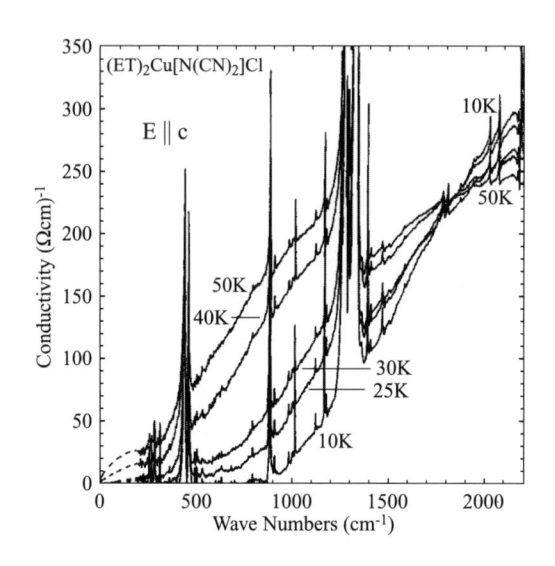

図 3.10 　κ-$(ET)_2Cu[N(CN)_2]Cl$ の赤外伝導度スペクトルで電場偏光は c 軸. 文献[15]．

3.3.2　熱的・磁気的性質

準 1 次元，準 2 次元導体の基底状態は，化学組成，圧力，磁場等に依存して多彩に変化するが，多くの場合超伝導相と長距離的な磁気秩序相が隣接する．TMTTF 系では，図 3.6 に示したように，$T_\rho \simeq 100 \sim 200\,\mathrm{K}$ より高温で金属的であるが，それ以下の温度でギャップ Δ_ρ が開く．帯磁率や電子スピン共鳴には異常はみられないが，さらに低温で常磁性から非磁性への転移 (スピン・パイエルス転移) が発現する．いっぽう，TMTSF 系では金属状態が安定となるが，PF_6 塩では 12 K 以下でスピン密度波へ相転移する．圧力下ではこの転移は抑制され，1 章にも述べたように超伝導・金属相へと移る．準 2 次元導体の κ-$(ET)_2X$ 系で $X = Cu[N(CN)_2]Cl$ の場合，$T_N = 27\,\mathrm{K}$ で局在 π スピン (1/2) が反強磁性秩序をつくり，23 K 以下で磁化が少しキャントした弱強磁性となる．磁化容易軸は伝導面に垂直，磁気モーメントの大きさは $0.45\,\mu_B$ で，約 300 bar の圧力下，$T_c = 12.8\,\mathrm{K}$ で超伝導に転移する．

図 3.11 に κ-$(ET)_2X$ 塩のスピン帯磁率の温度依存性と ^{13}C 核のスピン・格子緩和率 T_1^{-1} (ET 分子中央の 2 重結合炭素 2 個を選択的にアイソトープ置換)

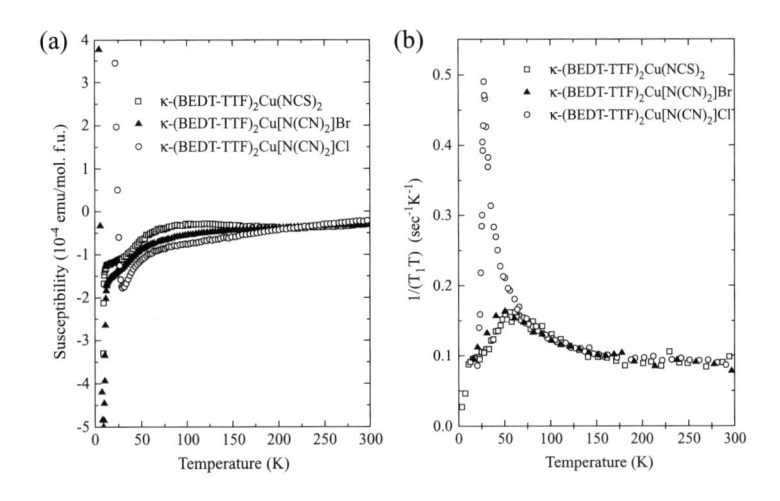

図 3.11 (a) κ-(ET)$_2$X 塩のスピン帯磁率の温度依存性 (内殻反磁性成分 -4.7×10^{-4}emu/mol は差し引いてある). (b)^{13}C 核のスピン・格子緩和率 T_1^{-1} (ET 分子中央の 2 重結合炭素 2 個を選択的にアイソトープ置換) を温度で割った $1/(T_1T)$ の温度依存性. 文献[16]).

を温度で割った $1/(T_1T)$ の温度依存性を示す. 磁化率は高温ではほぼ一定であるが, 50〜60 K 以下の低温で減少する. X=Cu(NCS)$_2$, Cu[N(CN)$_2$]Br 塩ではそれぞれ超伝導転移にともなう大きな反磁性がみられるが, Cu[N(CN)$_2$]Cl 塩では T_N 以下で発散的に増大する. このような振る舞いは, $(T_1T)^{-1}$ の結果と符合する. まず, その絶対値の大きさを電子相関が弱い他の ET 塩と比較すると, 5〜10 倍も大きい. つぎに, X = Cu(NCS)$_2$, Cu[N(CN)$_2$]Br 塩では $T^* = 50$ K まで増大したあと減少する[*1)]. この高温側での振る舞いは**反強磁性的スピンゆらぎ**によるものとされ, 超伝導転移に向かって存続するが, T^* 以下で**超伝導擬ギャップ**が発達することで, 見かけ上ピークをつくるものと推測されている. いっぽう, Cu[N(CN)$_2$]Cl 塩では T_N に向かって発散的な温度依存性がみられるが, これは反強磁性臨界ゆらぎに起因する.

さて, T^* 近傍にはこのような磁気的異常だけでなく, 輸送現象, 音響的, 光学的, 熱力学的諸量に異常が観測され, T^* 異常とよばれている. 多くの議論が

[*1)] 通常の金属はコリンハの関係式 (Korringa's relation) に従い, スピン格子緩和率は温度に比例するので, $(T_1T)^{-1}$ は温度に対して一定となる.

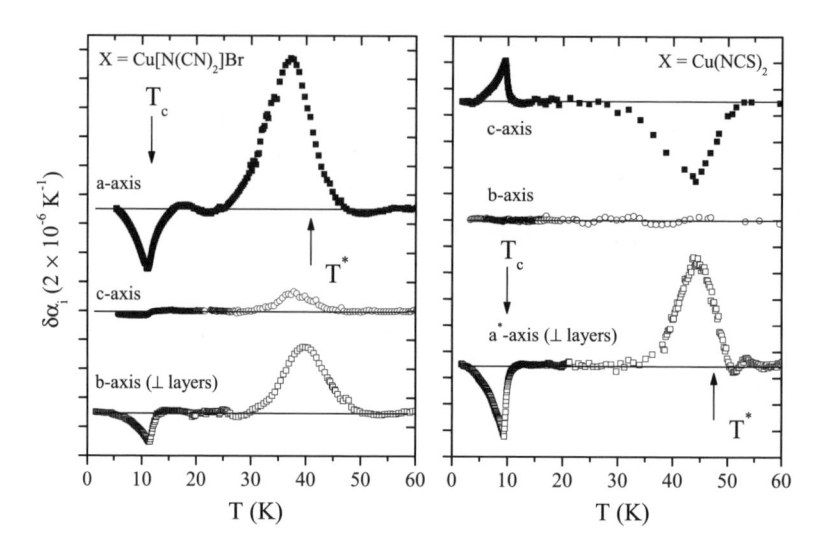

図 3.12 線熱膨張係数 $\alpha_i(T)$ の異常部分 $\delta\alpha_i(T) = \alpha_i(T) - \alpha_{ib}$（単調なバックグラウンド $\alpha_{ib}(T)$ を除去）の温度依存性：κ-$(\mathrm{ET})_2\mathrm{Cu[N(CN)_2]Br}$（左図），$\kappa$-$(\mathrm{ET})_2\mathrm{Cu(NCS)_2}$（右図）．文献[17]．

なされているが，T^* 異常と超伝導に関するより詳しい知見は熱膨張の研究で得られている[17]．図 3.12 は線熱膨張係数の異常部分，$\delta\alpha_i(T) = \alpha_i(T) - \alpha_{ib}(T)$ の温度依存性を示す．単調なバックグラウンド α_{ib} を引いてある．T^* での異常の特徴から 2 次相転移的である．また，T_c と T^* での振る舞いに，T_c での異常が大きい（小さい）とき T^* での異常も大きい（小さい）が，T_c でのピークの符号が正であれば，T^* では負になる，という明確な相関がみられる．2 次相転移に対して一般的に成立する次のエーレンフェストの関係式（Ehrenfest's relation）を考えてみよう．

$$\left(\frac{\partial T^*}{\partial p_i}\right)_{p_i \to 0} = V_{\mathrm{mol}} \cdot T^* \cdot \frac{\Delta\alpha_i}{\Delta C}. \tag{3.7}$$

これは，2 次の相転移温度 T^* の 1 軸性圧力係数（圧力ゼロの極限）と線熱膨張係数および比熱の不連続的変化を結びつける関係式である[*1]．したがって，T_c

---

[*1] この関係式は静水圧力の場合も適用される．左辺の 3 方向での和として T^* の静圧力係数が求まる．このとき，右辺 $\Delta\alpha_i$ の 3 方向の和が体熱膨張係数に等しい．

と T^* での $\Delta\alpha_i$ の符合が逆であるということは，これら 2 つの相転移が厳密に逆相関の関係，すなわち $\partial T^*/\partial p_i > 0, \partial T_c/\partial p_i < 0$ であることを示している．

その原因として，フェルミ面のトポロジー (図 3.5) との関連が指摘されている．T^* での不安定性は準 1 次元的フェルミ面に，いっぽう超伝導不安定性は閉じた 2 次元的なフェルミ面に起因すると仮定し，1 次元的な開いた軌道の一部にギャップが開いた (不完全な) 密度波が形成されるものと推測されている．

3.4 電荷やスピンの自由度による不安定性

ここでは，電荷密度波，スピン密度波，スピン・パイエルス転移，電荷秩序など，低次元電子状態における電荷やスピンの自由度に起因した不安定性に関して述べる．

3.4.1 電荷密度波とスピン密度波

低次元電子系のフェルミ面のトポロジーの簡単な例として，次のようなバンドを考える．

$$E(k_x, k_y) = \hbar v_F(|k_x| - k_F) - 2t_b \cos(k_y b). \tag{3.8}$$

ここに第 1 項はフェルミエネルギー $E_F = \hbar^2 k_F^2/2m$ (k_F, m はフェルミ波数，有効質量) を基準にとり，E_F 近傍で線型分散を仮定したものである．第 2 項は弱い鎖間結合を表す．

図 3.13 (a) は式 (3.8) で決まるフェルミ面を示す．実線で示された準 1 次元フェルミ面は 1 対のサーフボード状になり，$E(\vec{k}) = E(\vec{k} + \vec{Q})$ となるようなベクトル $\vec{Q} = (2k_F, \pi/b, 0)$ が存在する．$\vec{Q}$ をネスティングベクトル (nesting vector) という．物理的には，電子の応答関数 (Lindhard 関数)

$$\chi(\vec{q}) = \sum_{\vec{k}} \frac{f[E(\vec{k}+\vec{q})] - f[E(\vec{k})]}{E(\vec{k}+\vec{q}) - E(\vec{k})} \tag{3.9}$$

が $\vec{q} = \vec{Q}$ で発散することを意味する．ここに，$f(E)$ はフェルミ分布関数である．物理的には，$\vec{Q}$ の摂動に対して電子系の応答が発散するために不安定化

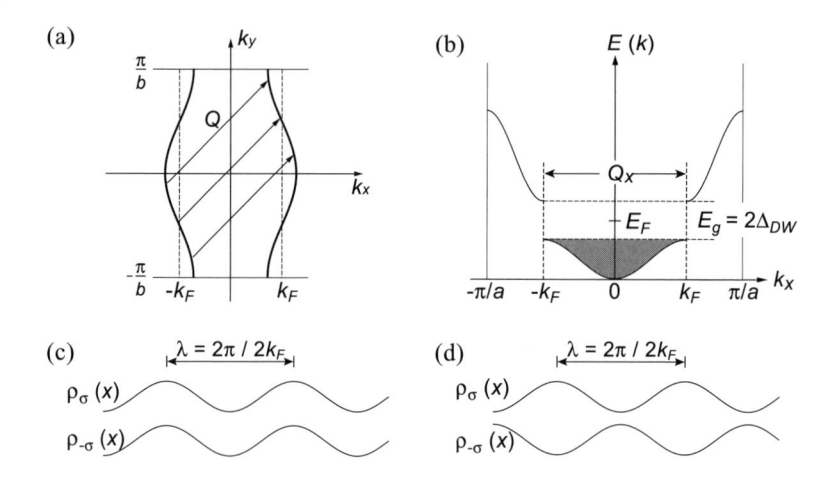

図 3.13 (a) 準 1 次元バンドの k_x-k_y 空間でのフェルミ面．矢印はネスティングベクトル $\vec{Q} = (2k_\mathrm{F}, \pi/b, 0)$．点線は 1 次元バンド (式 (3.8) で第 2 項=0) に対する 1 対の板状フェルミ面．(b) 密度波状態でのエネルギーバンドを第 1 ブリリュアン域 $(-\pi/a \leq k_x \leq \pi/a)$ で示す．スピン依存数密度 $\rho_{\sigma(-\sigma)}$ の実空間依存性：(c)．CDW 同位相；(d)．SDW 逆位相．波長 $\lambda = 2\pi/2k_\mathrm{F}$．文献[4]．

し[*1)]，E_F を境にしてギャップ $E_\mathrm{g} = 2\Delta_\mathrm{DW}$ が開いた絶縁体となる．実空間で波長 $\lambda = 2\pi/Q$ の周期の，波数空間では $Q = 2k_\mathrm{F}$ の変調を受けた密度波 (density wave) ができる (図 3.13 参照)．

密度波状態には電荷とスピンの自由度が関与した 2 種類の状態が知られている[18~20]．ここで，**数密度関数** $\rho(\vec{r}) = \rho_\sigma(\vec{r}) + \rho_{-\sigma}(\vec{r})$ と**スピン密度関数** $\sigma(\vec{r}) = \rho_\sigma(\vec{r}) - \rho_{-\sigma}(\vec{r})$ を導入しよう (σ =↑, ↓)．$\rho_\sigma(\vec{r})$ と $\rho_{-\sigma}(\vec{r})$ をそれぞれスピンの向きに依存した数密度関数で次式で与えよう (ρ_0 は一定の電子密度)．

$$\rho_\sigma(\vec{r}) = \frac{1}{2}\rho_0[1 - A\sin(\vec{Q} \cdot \vec{r} - \theta)], \quad (3.10)$$

$$\rho_{-\sigma}(\vec{r}) = \frac{1}{2}\rho_0[1 + A\sin(\vec{Q} \cdot \vec{r} + \theta)]. \quad (3.11)$$

1) **電荷密度波 (CDW: Charge-Density-Wave)** とは，スピン密度ゼロ $\sigma(\vec{r}) =$

[*1)] 自由電子ガスに格子の周期ポテンシャルを考慮したほとんど自由な電子モデル (nearly free-electron model) では，ブリルアン域の境界でエネルギーギャップが開く．この場合も応答関数は $q_a = 2\pi/a$ で発散する．

0 (スピン 1 重項 $S=0$), 位相 $\theta=\pi/2$ のとき, $\rho(\vec{r})=\rho_0[1-A\cos(\vec{Q}\cdot\vec{r})]$ で記述される. つまりスピンの向きが互いに反平行の電子対が同位相の波を形成するので, 電子間クーロン斥力は比較的弱いことが必要である (図 3.13 (c)). この場合, 電子はある特定のフォノンと強く相互作用し, **格子の並進対称性の自発的な破れを誘発し**, ネスティングベクトル $\vec{Q}$ の周期の格子変調を伴う[*1].

2) スピン密度波 (SDW: Spin-Density-Wave) は, 一定の数密度 $\rho=\rho_0$, 位相 $\theta=0$ のとき, $\sigma(\vec{r})=\rho_0 A\sin(\vec{Q}\cdot\vec{r})$ で記述される (スピン 3 重項 $S=1$). つまりスピンの向きが異なる電子同士は互いのクーロン斥力を最大限に避けるように逆位相の密度波となる (図 3.13 (d)). したがって, 電子間クーロン相互作用が比較的強い場合, **スピン密度の並進対称性の自発的破れを誘発し**, 一般的には電荷密度波のような格子変調を必要としない[*2].

いずれの状態もネスティングによる運動量 $2\hbar k_\mathrm{F}$ の電子・ホール対の形成にその本質がある. また, 平均場近似の範囲では超伝導に関する BCS 理論 (Bardeen-Cooper-Schrieffer theory) [*3] と数学的には同等に記述される[*4].

具体例として $(\mathrm{TMTSF})_2\mathrm{PF}_6$ の SDW を説明しよう. 転移温度 T_SDW は 12 K (図 3.6), 熱励起型の電気抵抗から求めた $2\Delta_\mathrm{SDW}=30\sim 40\,\mathrm{K}$ は式 (3.13) とよく合う. 弱結合極限の範囲内で求められる他のパラメーターとして, $\lambda_\mathrm{SDW}=0.26$, コヒーレンスの長さ $\xi_0=\hbar v_\mathrm{F}/\pi\Delta_\mathrm{SDW}=32\,\mathrm{nm}$, クーロ

[*1] パイエルス (R. Peierls) によって理論的に予言され, 1972 年 TTF-TCNQ で実証された. 電荷密度波状態への転移をパイエルス転移, パイエルス不安定性とよぶこともある[18,20].
[*2] オーバーハウザー (A. Overhauser) によって提唱され, 金属 Cr で実証された[19,20].
[*3] 超伝導では, クーパー電子対形成 (運動量ゼロ, 逆向きスピン間 $\vec{k}\uparrow,-\vec{k}\downarrow$) によるゲージ不変性の破れが発生する[25].
[*4] 金属状態から臨界温度 $T_\mathrm{DW(SC)}$ で密度波や超伝導 (SC) への 2 次相転移が生じる. これらの秩序状態の凝縮エネルギー, 臨界温度は次のように与えられる.

$$\Delta F = -(1/2)N(E_\mathrm{F})\Delta_\mathrm{DW(SC)}^2, \tag{3.12}$$

$$2\Delta_\mathrm{DW(SC)} = 3.52 k_\mathrm{B} T_\mathrm{DW(SC)}, \tag{3.13}$$

$$k_\mathrm{B} T_\mathrm{DW} = 1.13 E_\mathrm{F} \exp(-1/\lambda_\mathrm{DW}). \tag{3.14}$$

ここに λ_DW は無次元の結合定数 : $\lambda_\mathrm{CDW}=gN(E_\mathrm{F})$, $\lambda_\mathrm{SDW}=UN(E_\mathrm{F})$ (g と U はそれぞれ電子フォノン結合定数, 電子間クーロン斥力). 式 (3.10), (3.11) の振幅 $A=\Delta_\mathrm{DW}/\hbar v_\mathrm{F} k_\mathrm{F}\lambda_\mathrm{DW}$.

ン相互作用 $U = 2.0\,\text{eV}$[19] などが得られる. しかし, 磁気モーメントは, 実験で $\mu = 0.08\,\mu_\text{B}$, 理論で $(4\Delta_\text{SDW}/U)\,\mu_\text{B} = 0.01\,\mu_\text{B}$, また秩序パラメータの温度依存性も大きくずれている.

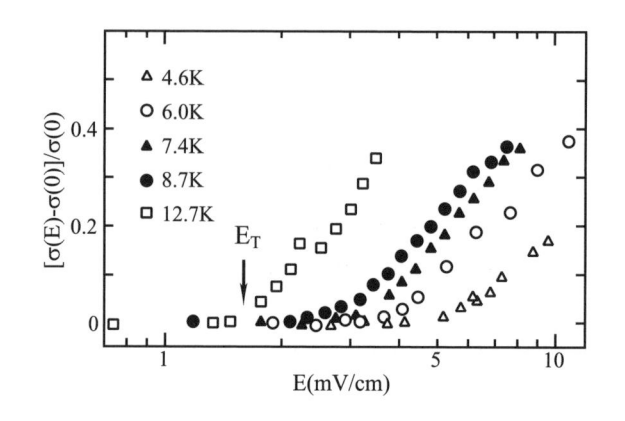

図 3.14 電気伝導 $[\sigma(E) - \sigma(E \to 0)]/\sigma(E \to 0)$ の電場依存性. 文献[21].

次に, SDW 状態での**非線形電気伝導** (nonlinear electrical conductivity) を述べる. 図 3.14 は, パルス電場下での非線形電気伝導度の変化を示す. 低電場では線形伝導 (オーム則) が見られるが, ある**臨界電場** E_T 以上では非線形伝導が生じる. また, E_T は低温で増大する. このような非線形伝導は CDW での SDW のピン止め効果の挙動に似ている.

非線形伝導はもともと CDW 系で発見されたが, なぜ CDW というバンド的には絶縁体で非線形伝導が生じるのであろうか. 今, 結晶格子と CDW の周期が無理数の関係にあるとき (**非整合電荷密度波** (incommensurate CDW)) を考えよう. この場合, CDW の凝縮エネルギーはその位相に依存せず一定であるので, スライディングさせた CDW は電場に対して並進運動をすることができる[*1]. しかし, 結晶中に存在する欠陥の周りでの局所的な電気ポテンシャル (ピン止めポテンシャルという) は, CDW を捕捉して並進運動を妨げようとす

[*1] 理論的には, このスライディング運動は CDW 転移に伴う並進対称性の破れが再び回復したことを意味し, これをギャップのないゴールドストーン・モード (gapless Goldstone mode) という. より一般的には, 振幅と位相をもった集団運動の励起に要するエネルギーは無限小からの連続量となる.

る．これをピン止め効果 (pinning effect) という*1)．しかし，ピン止めポテンシャルを上回るような強電場下では，CDW の集団的なスライディング運動が起るために非線形伝導が生じるものと考える．同様の議論は SDW でも平行して成り立つが，次のようにピン止め相互作用は異なっており理由は自明ではない．CDW では，$\rho_\sigma(\vec{r})$ および $\rho_{-\sigma}(\vec{r})$ に対するピン止めポテンシャルは協力的 (非磁性的) に働くが，スピンの変調を有する SDW はピン止めポテンシャルと直接的には相互作用できないからである．

3.4.2 スピン・パイエルス転移

各サイトが平均として 1 個の電子で占有されている 1 次元電子系を考えよう*2)．この場合，あるサイト A の電子が隣のサイト B に移ると，サイト B 上で 2 個の電子間にクーロン斥力 U (on-site Coulomb repulsion) が働くため，エネルギー損失が発生する．移動エネルギー t_{ij} は一般的に U よりも小さいためすべての電子は各サイトに局在し，**スピン反平行の反強磁性配列 (1 次元ハイゼンベルグ鎖)** が基底状態となる．このように電子間に強いクーロン相互作用が働く状態を**強相関状態** (strongly correlated state)，その結果生じる絶縁体をモット–ハバード絶縁体 (Mott–Hubbard insulator) という．詳しくは次節で述べよう．

こういった系の磁気励起を調べるために，つぎのハイゼンベルグ・ハミルトニアンを考える．

$$\mathcal{H} = \sum_{i=0}^{N/2} (J_1 \vec{S}_{2i} \cdot \vec{S}_{2i-1} + J_2 \vec{S}_{2i} \cdot \vec{S}_{2i+1}). \tag{3.15}$$

ここでサイト総数を N とした．変数 $\gamma_{\mathrm{ex}} = J_2/J_1$ を導入する．周期 a で一様な場合 ($\gamma_{\mathrm{ex}} = 1$) と 2 量体化のため周期が $2a(= a_1 + a_2)$ で交互に連なった交換相互作用 J_1, J_2 がある場合 ($\gamma_{\mathrm{ex}} < 1$) を図 3.15 に示す．前者の一様な場合の磁気励起 (スピン波) エネルギーは

---

*1) 欠陥のない結晶中の CDW は無限小の電場で抵抗のない伝導を担うことをフレーリッヒは理論的に指摘し，これが超伝導であると考えた (1954 年)．
*2) 例えば 1 価のカチオンラジカルの鎖で，各サイトの HOMO がスピン 1/2 の電子 1 個に占有された場合 (これを SOMO (singly occupied molecualr orbital) という) を想像するとよい．

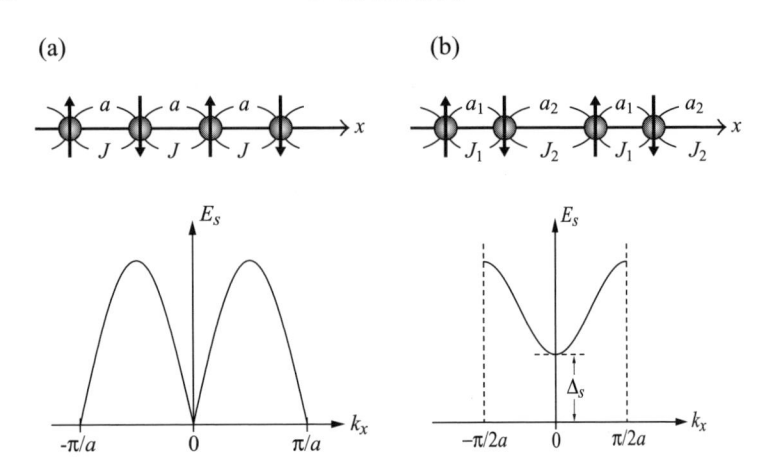

図 3.15 1 次元ハイゼンベルグ鎖の磁気励起エネルギーの分散関係．(a) 交換相互作用 J が周期 a で一様な場合 ($\gamma_{\rm ex} = 1$)．(b) 2 量体 $a_1 + a_2 = 2a$ を形成することによって交互に J_1, J_2 が連なる一様でない場合 ($\gamma_{\rm ex} < 1$)．この場合，スピン 1 重項基底状態とスピン 3 重項励起状態を分離するスピンギャップ Δ_s が開く．文献[4]．

$$E_s \sim (J/2\pi)|\sin(k_x a)| \qquad (3.16)$$

となり波数に対して連続した分散を有し，$T = 0$ で有限の磁化率を生じる．この励起をマグノン (magnon) という．$U/t \gg 1$ の極限で $J_1 = J_2 = 2t^2/U$ となる．いっぽう，後者の非一様な場合，図 3.15 (b) に示すように，**スピン 1 重項基底状態** ($S = 0$) **とスピン 3 重項励起状態** ($S = 1$) **を分離するスピンギャップ** Δ_s が開き，非磁性となることが期待される．この状態をスピン・パイエルス状態 (spin-Peierls state) という．1 次元スピン系と 3 次元フォノンとの相互作用によりスピンギャップが開くが，その結果生じる磁気エネルギーの利得は，2 量体化 (格子変位) の弾性エネルギーの損失を上回ることが必要である．スピン・パイエルス転移は 1/2 充填の TTF の 1：1 塩で最初に実証されたが，1/4 充填の $(\text{TMTTF})_2\text{PF}_6$ 塩でも観測されている．図 3.16 はスピン磁化率の温度変化である．$T_{\rm SP} = 20\,{\rm K}$ 以下の，磁化率の減少は，印加磁場の方向に依存せず，$T \leq 12\,{\rm K}$ の低温で反強磁性 $S = 1/2$ ハイゼンベルグ鎖系に対する次式に従う．

3.4 電荷やスピンの自由度による不安定性

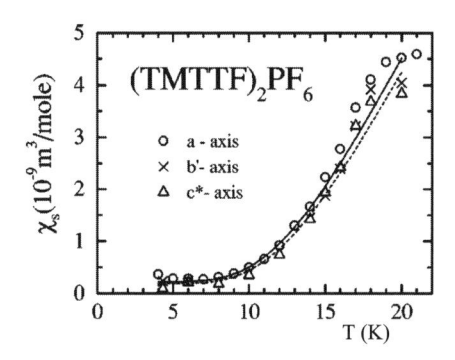

図 3.16 (TMTTF)$_2$PF$_6$ の電子スピン共鳴の強度からもとめたスピン帯磁率の温度依存性. 実線は式 (3.17). 文献[22].

$$\chi_s(T) = \frac{\alpha}{T} \exp\left(-\frac{J_1\beta}{T}\right). \tag{3.17}$$

ここに, α, β は定数である. 交換相互作用定数 $|J| = 420\,\mathrm{K}$ から $\gamma_{\mathrm{ex}} = [1-\delta]/[1+\delta] = 0.91$ が求まり, これは $\delta = 0.0476$ に対応する. 平均場近似での δ は磁気励起ギャップに次式で関連づけられる.

$$\delta(T) = \frac{\Delta_s(T)}{1.637J}. \tag{3.18}$$

これより, $T = 0$ 極限で $\Delta_s = 32\,\mathrm{K}$ となる.

スピン・パイエルス転移では, 現象的にはスピン系と電荷系が互いに独立して振る舞う. 事実, スピン自由度と電荷自由度が分離する 1 次元電子系は, 朝永–ラッティンジャー液体 (Tomonaga-Luttinger liquid) とよばれる非フェルミ液体 (non-Fermi liquid) である[26].

3.4.3 スピン液体

3.1 節で述べたように, ET 系の κ 型構造は強い 2 量体性をもつ. 最近接間の重なり積分を図 3.17 に示す. ここで 2 量体内の t_{b1} は t_p, t_q など 2 量体間の重なり積分よりも 2 倍以上大きい. その結果, バンド構造が 2 量体の結合軌道と反結合軌道からなり, その軌道エネルギーの差が $2t_{b1}$ で与えられる. この描像の範囲内では軌道間の混成は無視でき, 2 量体間相互作用を摂動として扱うこ

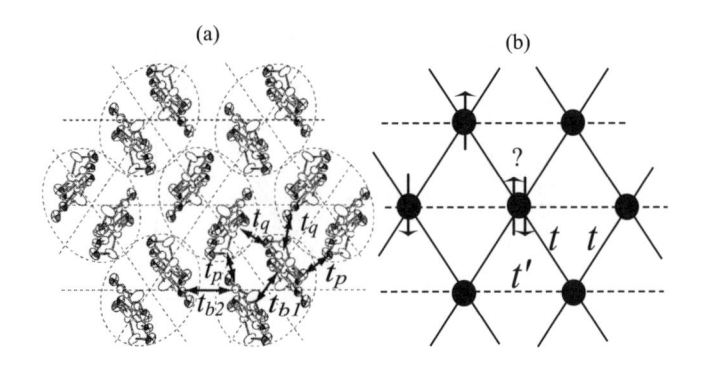

図 3.17 (a) κ-(ET)$_2$X の結晶構造 (ET 分子の長軸からの投影). (b) ET 分子 2 量体内の重なり積分が圧倒的に大きいためその 2 量体を黒塗りの点で図示すると，2 量体間の重なり積分は $t' \sim t_{b2}/2$ と $t \sim (|t_p| + |t_q|)/2$ の 2 等辺 3 角形となる．文献[27]．

とが許される．そうすると，個々の 2 量体 ((b) 図で黒塗りの点) は，$t' \sim t_{b2}/2$ と $t \sim (|t_p| + |t_q|)/2$ それぞれ 2 個，4 個の再近接間重なり積分を有する[*1]．

この有効的 2 量体モデルは，**磁気的に強いフラストレーションを示す 3 角格子的配置**で表現される (図 3.17 (b) 参照)．各 2 量体上にスピンを反強磁性的に配置して長距離的な秩序をつくることはできない．この状態を，量子ゆらぎによる無秩序な基底状態を有する反強磁性という意味で，**量子スピン液体** (quantum spin liquid) という．比 t'/t が 1 に近い系として，現在 κ-(ET)$_2$Cu$_2$(CN)$_3$ 塩の物性が詳しく調べられている[28][*2]．最近の研究によれば，スピン・パイエルス転移と類似的なスピンギャップが存在すること[29]，また約 6 K 以下で電荷自由度に起因する相転移[30] の可能性も指摘されている．

3.5 多体相互作用

3.5.1 フェルミ液体

前節で述べた密度波やスピン・パイエルス転移は，電子・フォノン相互作用

[*1] ここで，垂直方向の再近接は距離がより離れているために無視する．
[*2] その理由は，2 次元スピン系でのスピン液体に関する重要なモデル物質であるからである．1 次元系のスピン液体は梯子型物質で詳しく研究されている．

あるいは電子間クーロン相互作用という多体効果に起因した相転移である．ここではこの多体効果をもう少し一般的な観点から説明する．

結晶中のイオンや分子がつくる周期的ポテンシャル下での電子状態を計算するバンド理論では，多くの場合多体効果を無視する．広い意味で多体効果とは電子が周りの「環境」と作用を及ぼしあうことである．例として，電子が結晶中を運動する状況を考えよう．そのとき，電子と周りのイオンや分子とのクーロン力のために格子は多かれ少なかれ変位するであろう．言い換えれば，電子の運動に伴う格子の歪み場が発生する．いっぽうでは，電子間にはクーロン斥力が働くために互いに避けあう．しかし，銅のような3次元的でキャリア密度の高い金属では，クーロン斥力は遮蔽され短距離的になることが知られている[*1)]．これをトーマス–フェルミの遮蔽効果 (Thomas-Fermi's screening effect) という．その遮蔽距離 q_{TF}^{-1} は

$$q_{\mathrm{TF}}^2 = 4\pi e^2 N(E_{\mathrm{F}}) \tag{3.19}$$

で与えられる．例えば銅 (キャリア密度 $n = 8.5 \times 10^{22}$ cm^{-3}) では，q_{TF}^{-1} は 0.05 nm 程度にまで短くなる．このきわめて強い遮蔽効果が金属のバンド計算の妥当性を保証している．

ランダウは，多体相互作用効果を取り込んだ**準粒子** (quasi-particles) という概念を提唱した．フォノンや他の電子と相互作用している電子集団を相互作用しない準粒子の集団として扱い，**フェルミ液体** (Fermi liquid) の基礎を創った．フェルミ液体は金属の多体効果に関する標準的なモデルである[23, 26)]．

数学的には，準粒子は相互作用していない裸の電子 (bare electron) のエネルギー E_{b} と時間 t_{b} のスケール変換 (再規格化または繰り込み：renormalization) によって記述され，スピン 1/2 でフェルミ–ディラック統計に従う．この再規格化定数 $Z(>1)$ を用いると，それぞれ E_{b}/Z, $t_{\mathrm{b}}Z$ になる．つまり，相互作用の効果をすべてこの Z で繰り込むことによって，相互作用しない独立な準粒子の集団として記述する．例えば，準粒子の有効質量と緩和時間は，

[*1)] クーロンポテンシャルは距離の逆数に比例する長距離力 (long-range force) であるが，この遮蔽は $(\frac{1}{r})\exp(-r \cdot q_{\mathrm{TF}})$ の形のポテンシャル (湯川ポテンシャルとも言う) であたえられるような短距離力 (short-range force) となる．

$$m^* = Zm_\mathrm{b} \tag{3.20}$$
$$\tau^* = Z\tau_\mathrm{b} \tag{3.21}$$

となる.ここに,Z は電子・フォノン相互作用定数 λ_ep,電子スピン揺らぎ定数 λ_sf,電子・電子相互作用定数 λ_ee の和

$$Z = (1 + \lambda_\mathrm{ep} + \lambda_\mathrm{sf} + \lambda_\mathrm{ee}) \tag{3.22}$$

で与えられる.

簡単化のため単純なバンドを用いて電子の有効質量を考えよう.フェルミ準位を横切るバンドの近くでは,エネルギーが $1/Z$ に圧縮され分散が弱くなる[*1).有効質量は

$$\frac{1}{m^*} = \frac{1}{\hbar^2} \cdot \frac{d^2 E(k^2)}{dk^2} \tag{3.23}$$

で与えられるから,分散が弱くなると質量は増強される.この質量の最も直接的な影響は,低温電子比熱 ($C_\mathrm{el} = \gamma T$) に現れる.3 次元では,

$$\gamma^{3D} = \frac{\pi^{2/3} k_\mathrm{B}^2 V_\mathrm{mol}}{3^{2/3}} \cdot \frac{m_\mathrm{th}^*}{\hbar^2} \cdot n_\mathrm{3D}^{1/3}, \tag{3.24}$$

ここに,V_mol はモル体積,n_3D はキャリア密度である.いっぽう,2 次元では面間距離 s を用いて

$$\gamma^{2D} = \frac{\pi k_\mathrm{B}^2 V_\mathrm{mol}}{3} \cdot \frac{m_\mathrm{th}^*}{\hbar^2} \cdot \frac{1}{s} \tag{3.25}$$

となる.

さて,フェルミ液体のモデルの帰結として,ラッティンジャーの定理 (Luttinger's theorem) が知られている.この定理は,フェルミ面の形状および体積が多体効果の有無に関わらず保存されることを意味する.直感的には,フェルミ面の体積や形状はキャリアーの密度に関係するが,エネルギーと時間には関わらないからである.数学的には,フェルミ液体の励起状態と相互作用していないフェルミ気体の励起状態の間には 1 対 1 対応が存在することを仮定しているからである.

[*1) 例えば電子・フォノン相互作用では,実効的に影響を及ぼすエネルギー範囲はデバイ温度 Θ_D 程度である.

3.5.2　ハバードモデル，電荷秩序，モット転移

前節で電子間のクーロン相互作用に対する**集団的遮蔽効果** (collective screening effect) を述べた．この効果を抑制する要因として，電子の運動を空間的に制限する低次元性，キャリアの低密度化，格子を形成するイオン・分子の高誘電性などが知られている．ここでは，前者2つの効果を図 3.18 の左に示した 3/4 充填の1次元バンドで考えよう．部分的に空席があるために1次元金属となるが，その1次元的配列に2量体化が生じると右図に示すように，2量体化ギャップが開き，2つのサブバンドに分離する．2量体化が進むにつれこのギャップは大きくなり，3/4 充填から 1/2 充填へ実効的に移り変わっていくであろう．単純にはこれも金属となりうるが，前節でも触れたように，電子間のクーロン斥力と低次元性は実に豊富な現象を提供する．ここでは，クーロン相互作用の効果を考慮したハバードモデルの概略を記す．

同一サイト上のクーロン斥力 U 以外に，隣接したサイト上の電子間に働くクーロン斥力 V (長距離クーロン相互作用) および2量体化の効果をも考慮したハミルトニアンは次式で与えられる．

$$\mathcal{H} = \sum_i \sum_\sigma \left(t[1+(-1)^i \Delta_\mathrm{d}] c^\dagger_{i,\sigma} c_{i+1,\sigma} + h.c. \right) \\ + \sum_i U n_{i\uparrow} n_{i\downarrow} + \sum_i V n_i n_{i+1}. \quad (3.26)$$

ここに，σ はスピン指標 ($\uparrow$, $\downarrow$)，$c^\dagger_{i\sigma}(c_{i\sigma})$ はサイト i での電子の生成 (消滅) 演算子，$n_{i\uparrow}(n_{i\downarrow})$ はスピン依存数密度演算子，$n_i = n_{i\uparrow} + n_{i\downarrow}$，$\Delta_\mathrm{d}$ は2量体の強度の

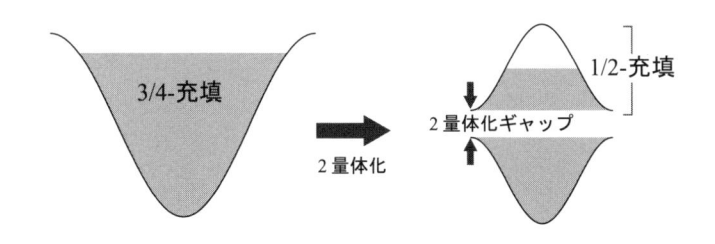

図 3.18　2量体化がない場合 (a) とある場合 (b) の1次元バンド構造の模式図．文献[31]．

指標である．このハミルトニアンに基づく近似を**拡張ハバードモデル** (extended Hubbard model) とよぶ[*1]．

ここでは 1/4 充填の 1 次元電子系で U, V が電子の運動エネルギー (バンド幅 $W = 4t$ を指標) より大きい場合を図 3.19 で概念的に考えよう．

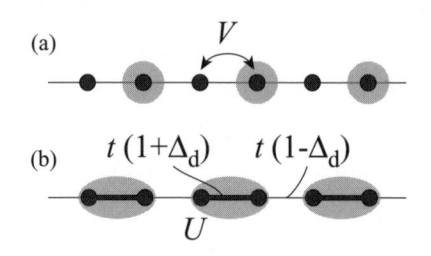

図 3.19 強い電子間クーロン相互作用を有する 1/4 充填 1 次元電子系の 2 つの極限；(a) 2 量体化のない場合での電荷秩序状態，(b) 強く 2 量体化した場合のダイマーモット状態 (黒点は格子点，灰色の楕円は局在したキャリアの分布を示す)．文献[31]．

まず，$\Delta_d = 0$ の場合，電子は一様に遠ざかる配置をとり電荷が周期的に配置した**電荷秩序** (charge order) が安定になるであろう．いっぽう $\Delta_d \neq 0$ では楕円の灰色で示したように 2 量体空間内に局在する．2 量体をひとつの構造ブロックと見た場合，極限として 1/2 充填の場合の **1 次元ハイゼンベルグ反強磁性**が基底状態となる．

さて，電荷秩序に関して図 3.20 を使って定量的に述べる[32]．

a) $\Delta_d = 0$ かつ $V < V_c (= 0.34t)$ の場合．同一サイト上のクーロン斥力が一様な移動エネルギーを有するバンドに対して支配的となり，電荷密度が平均 0.5 で一様，スピン密度が $Q = 2k_F$ で変調された SDW が安定となる．電荷–スピン配列パターンは $(0.5_\downarrow, 0.5_\downarrow, 0.5_\uparrow, 0.5_\uparrow)$ となる．

b) $\Delta_d = 0$ かつ $V > V_c (= 0.34t)$ の場合．電子は互いに避けるようにひとつおきに局在，つまり $4k_F$ (格子の 2 倍周期) で変調された CDW と $2k_F$-SDW が共存した配列パターン $(0, 1_\downarrow, 0, 1_\uparrow)$ が安定となる．

[*1] $V_{ij} = 0$ の場合を単にハバードモデルという．多くの場合，平均場近似によって計算される．この近似は基底状態の考察には有用であるが，電荷とスピンの動的な量子ゆらぎ (dynamical quantum fluctuation) のような動的な効果に関する議論には無力である．

3.6 温度・圧力相図

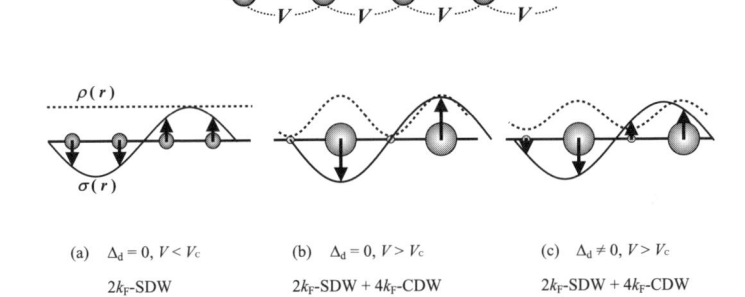

(a) $\Delta_d = 0, V < V_c$
 $2k_F$-SDW

(b) $\Delta_d = 0, V > V_c$
 $2k_F$-SDW + $4k_F$-CDW

(c) $\Delta_d \neq 0, V > V_c$
 $2k_F$-SDW + $4k_F$-CDW

図 3.20 交互に替わる移動エネルギーを有する 1 次元鎖 (上図). 平均場近似による電荷とスピンの配列パターンを点線と実線で示す (下図).

c) $\Delta_d \neq 0$ かつ $V > V_c (= 0.34t)$ の場合. Δ_d の大きさに依存して電荷密度の偏り $\delta(1 > \delta > 0)$ が生じて, $(\delta_\downarrow, 1-\delta_\downarrow, \delta_\uparrow, 1-\delta_\uparrow)$ のパターンが安定となる. このような電荷の偏りを有する電荷秩序を**電荷不均衡化** (charge disproportionation) という.

3.6 温度・圧力相図

a. (TM)$_2$X 塩

図 3.21 は, (TMTTF)$_2$X と (TMTSF)$_2$X に関する温度・圧力相図である. 矢印 a – d は, それぞれの物質の 1 気圧下での圧力の相対位置を示す. 1 気圧下でスピン・パイエルス状態にある (TMTTF)$_2$PF$_6$ 塩に静水圧を印加していくと反強磁性・SDW を経て高圧下では最終的に超伝導になる.

左側の低圧域では 1 次元鎖間の結合が弱く, スピンと電荷の自由度が分離する意味においてほぼ正準的な 1 次元系, 朝永–ラッティンジャー液体とみなせる. $T_\rho = 250\,\mathrm{K}$ 以下で電荷局在のため抵抗は数桁も上昇するのに対し, スピン磁化率は変化しない. さらに温度を $T_{\mathrm{SP}} = 20\,\mathrm{K}$ まで下げるとスピンギャップが開き, スピン・パイエルス状態へと変化する. その中間温度 $T_{\mathrm{CO}} = 70\,\mathrm{K}$ で誘電率に異常がみられ, TMTTF 分子上での電荷不均衡化が生じる.

(TMTTF)$_2$Br 塩では, $T_{\mathrm{SDW}} \approx 13\,\mathrm{K}$ で長距離的な磁気秩序が現れる. 相図

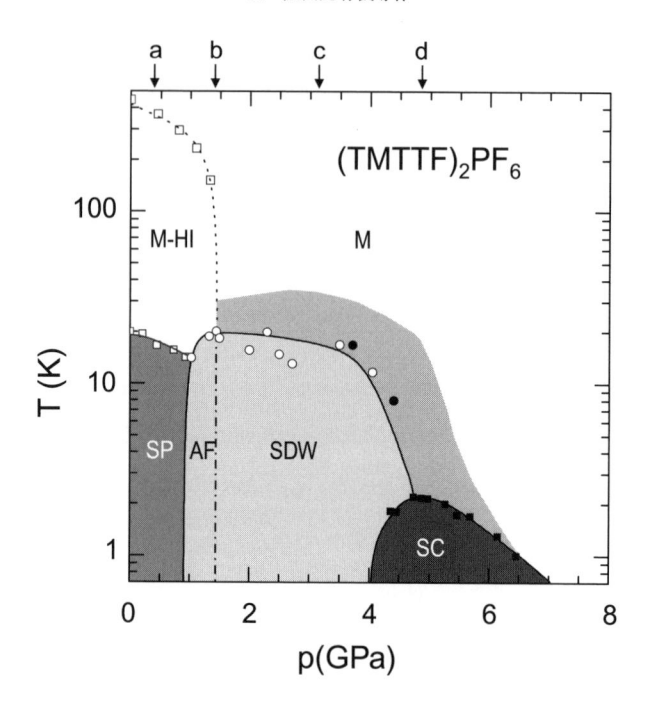

図 3.21 (TMTTF)$_2$PF$_6$ 塩の温度・静水圧力依存性. 図中の略称に関しては以下のとおり. M-HI：モット–ハバード絶縁体, M：金属, SC：超伝導, SP：スピン・パイエルス, AF (SDW)：整合 (非整合) 反強磁性スピン密度波. 矢印は, (a) (TMTTF)$_2$BF$_4$, (b) (TMTTF)$_2$Br, (c) (TMTSF)$_2$PF$_6$ and (d) (TMTSF)$_2$ClO$_4$ の 1 気圧下での状態を指す. 文献[33].

の右側の高圧力側では，鎖間の結合が重要になる．この領域では電子・フォノン相互作用は支配的でなくなり，フェルミ面のネスティングおよび電子間クーロン相互作用がSDWを引き起こす．(TMTTF)$_2$PF$_6$ 塩では，スピン・パイエルス状態を抑制した後，非整合SDW相になる前に整合反強磁性相が安定になる．さらに圧力を強くすると，T_{SDW} が低下し超伝導が出現する．圧力は，鎖間の π-軌道の重なりをより大きくするため，ネスティング条件を崩してより 3 次元化を促す．ここで注意すべきは，図の金属領域で影をつけた領域でも，SDWの電子相関が明確にみられることである．

b. κ-(BEDT-TTF)$_2$X 塩

図 3.22 は強く 2 量体化した (ET)$_2$X 塩の概念的相図である[34]. この相図は, パイ電子の強相関性にもとづいてその基底状態が単一のパラメータ U/W に支配されていることを仮定している. 有効的クーロン斥力エネルギーを U, 伝導電子のバンド幅を W とし, 点線は種々の物質の 1 気圧下での位置を示す. この相図によれば, 反強磁性絶縁体 X = Cu[N(CN)$_2$]Cl と強相関金属 κ-(H$_8$-ET)$_2$Cu[N(CN)$_2$]Br は, バンド幅制御型モット転移線 (太い実線) を挟んで互いに逆側にある. κ-(D$_8$-ET)$_2$Cu[N(CN)$_2$]Br 塩は, 反強磁性絶縁体 (AFI)・超伝導 (SC) 境界に位置している. この物質は, 末端エチレン基の計 8 個の水素

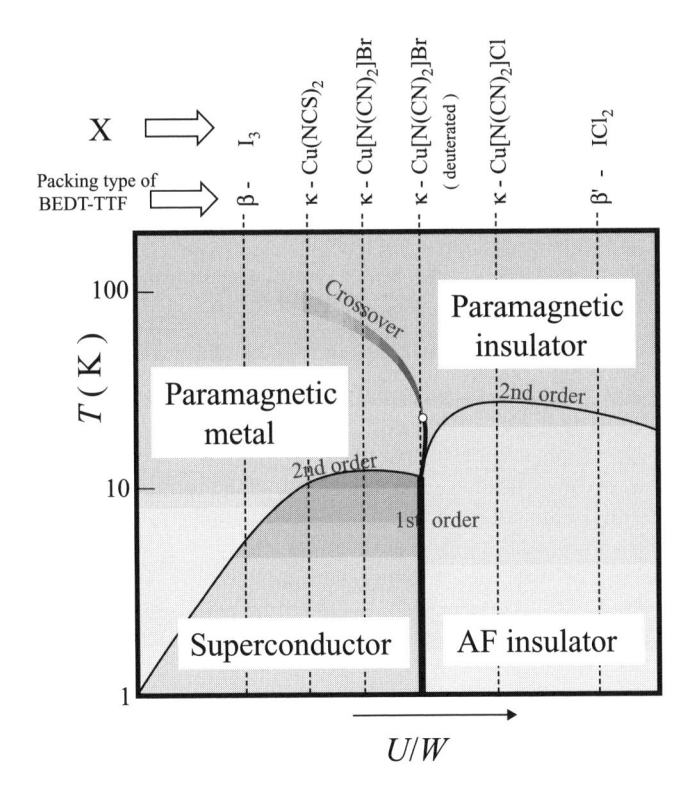

図 3.22 2 量体化した (ET)$_2$X 塩の概念的相図. 静水圧は比 U/W を減少させる. 種々のドナー積層様式, アニオン X を有する物質の 1 気圧下での位置を上部に示す. 文献[34].

を重水素置換したものであり,実効的に負の化学的圧力を誘起させたものと考えられる(幾何学的同位体効果)[4]. 反強磁性絶縁体が超伝導に隣接している事実は,双方の現象が互いに強く関連していることを示唆し,高温超伝導体銅酸化物との類似性にも興味がもたれている[35].

文　献

1) T. Mori et al., Bull. Chem. Soc. Jpn. **71**, 2509 (1998), **72**, 179 (1999), and **72**, 2011 (1999).
2) D. Shoenberg, *Magnetic Quantum Oscillations in Metals* (Cambridge Univ. Press, Cambridge, 1984).
3) 青木晴善, 小野寺秀也,「強相関電子物理学」(現代物理学「展開シリーズ」第4巻, 朝倉書店, 刊行予定)
4) N. Toyota, M. Lang, J. Müller, *Low-Dimensional Molecular Metals* (Springer Verlag, Berlin Heidelberg 2007).
5) M.V. Kartsovnik, Chem. Rev. **104**, 5737 (2004).
6) A.G. Lebed ed., *The Physics of Organic Superconductors and Conductors* (Springer Series in Materials Science) (Springer Verlag, Berlin Heidelberg 2008).
7) 豊田直樹, 日本物理学会誌, **62**, 449 (2007).
8) 齋藤理一郎,「基礎固体物性」(現代物理学「基礎シリーズ」第6巻. 朝倉書店, 2009 年)
9) P. Wzietek et al., J. Phys. IV (France) **3**, 171 (1993).
10) K. Murata et al., Synth. Met. **27**, A341 (1988).
11) Ch. Strack et al., Phys. Rev. B **72**, 054511 (2005).
12) M. Dressel, G. Grüner, *Electrodynamics of Solids* (Cambridge Univ. Press, Cambridge, 2002).
13) M. Dressel, N. Drichko, Chem. Rev. **104**, 5689 (2004).
14) K. Kornelsen et al., Solid State Commun. **72**, 475 (1989).
15) K. Kornelsen et al., Solid State Commun. **81**, 343 (1992).
16) A. Kawamoto et al., Phys. Rev. B **52**, 15522 (1995).
17) M. Lang et al., Synth. Met. **133-134**, 107 (2003).
18) G. Grüner, Rev. Mod. Phys. **60**, 1129 (1988).
19) G. Grüner, Rev. Mod. Phys. **66**, 1 (1994).
20) G. Grüner, *Density Waves in Solids* (Addison Wesley, Massachusetts, 1994).
21) W. Kang et al., Phys. Rev. B **41**, 4862 (1990).
22) M. Dumm et al., Phys. Rev. B **61**, 511 (2000).
23) J.W. Wilkins, In *Electrons at the Fermi Surfaces* (M. Springford, Ed., Cambridge Univ. Press, 1980) p. 46.
24) J. Bardeen, L. N. Cooper, J. R. Schrieffer, Phys. Rev. **108**, 1175 (1957).
25) M. Thinkham: *Introduction to Superconductivity*, (McGraw Hill, New York, 1975).
26) 倉本義夫,「量子多体物理学」(現代物理学「基礎シリーズ」第7巻. 朝倉書店, 2010 年)

27) Y. Shimizu et al., Phys. Rev. Lett. **91**, 107001 (2003).
28) S. Yamashita et al., Nature Physics **4**, 459 (2008).
29) M. Yamashita et al., Nature Physics **5**, 44 (2008).
30) R.S. Manna et al., Phys. Rev. Lett. **104**, 016403 (2010).
31) H. Seo, C. Hotta, H. Fukuyama, Chem. Rev. **104**, 5005 (2004).
32) Y. Tomio, Y. Suzumura, J. Phys. Soc. Jpn. **69**, 796 (2000).
33) H. Wilhelm et al., Eur. Phys. J. B **21**, 175 (2001).
34) K. Miyagawa, K. Kanoda, A. Kawamoto, Chem. Rev. **104**, 5635 (2004).
35) R.H. McKenzie, Science **278**, 820 (1997).

4 有機超伝導体

 これまで述べてきたように,有機超伝導体は構造ブロックとしてのドナー分子とアクセプター分子が積層(図2.1)した格子系から成り立っている.本章では,このような低次元構造という舞台で発現する超伝導現象を,異方性,超伝導ゆらぎ,圧力依存性,構造の乱れ,超伝導パラメータ,強磁場下での超伝導再転移(ジャッカリーノ–ピーター効果)などの観点から説明し,超伝導秩序の対称性と発現機構の問題を論ずる[1].

4.1 は じ め に

 準1次元導体 $(TMTSF)_2PF_6$ の超伝導の発見以来,これまでさまざまな有機超伝導体が合成されてきた(1.5節脚注(p.9)を参照).その多くはTMTSFの誘導体であるBEDT-TTF (ET)とそのセレニュームあるいは酸素置換したBEDT-TSF (BETS), BEDO-TTF,あるいは非対称なドナー DMET, MDT-TTF 等の TTF 骨格をもつ(分子構造,超伝導転移に関しては,図1.1および図1.2を参照).表4.1にそれぞれ代表的な超伝導体とその転移温度 T_c を掲げる.また,加圧下で超伝導になるものに関してはその臨界圧力を記す(詳細は総説論文[2]を参照).電荷移動型有機分子系の超伝導の T_c は高々10 K台である.常圧下では κ-$(ET)_2Cu[N(CN)_2]Br$ 塩の11.5 Kが最も高い.加圧下での最高の T_c は β'-$(ET)_2ICl_2$ で14 Kである.この系は常圧下ではモット絶縁体であり,7 GPa以上の高圧下で超伝導となる.

表 4.1 電荷移動型有機超伝導体とその転移温度 T_c. p_c は加圧下で超伝導になる場合の臨界圧力. 文献[1].

	T_c (K)	p_c (kbar)	Refs
$(TMTSF)_2PF_6$	0.9	12	[3]
$(TMTSF)_2AsF_6$	1.1	12	[4]
$(TMTSF)_2ClO_4$	1.4		[4]
β_L-$(ET)_2I_3$	1.4		[5]
β_H-$(ET)_2I_3$	8	0.5	[6,7]
κ-$(ET)_2I_3$	3.6		[8]
β-$(ET)_2IBr_2$	2.8		[9]
α-$(ET)_2(NH_4)Hg(SCN)_4$	1.15		[10]
κ-$(ET)_2Cu(NCS)_2$	9.4		[11]
κ-$(ET)_2Cu[N(CN)_2]Br$	11.5		[12]
κ-$(ET)_2Cu[N(CN)_2]Cl$	12.8	0.3	[13]
κ-$(ET)_2CuCN[N(CN)_2]$	11.2		[14]
κ-$(ET)_2Cu_2(CN)_3$	2.8	1.5	[15]
β''-$(ET)_2SF_5CH_2CF_2SO_3$	5.3		[16]
β'-$(ET)_2ICl_2$	14.2	82	[17]
λ-$(BEDT$-$TSF)_2GaCl_4$	8		[18]
$(BEDO$-$TSF)_2ReO_4 \cdot H_2O$	2.5		[19]
$(DMET)_2Au(CN)_2$	0.8	5	[20]

4.2　ギンツブルグ–ランダウ理論

ここでは，超伝導現象を熱力学的相転移の観点から考察したギンツブルグ–ランダウ理論(以下 GL 理論) (Ginzburg-Landau) の概略を述べ，後の議論に役に立つ概念や式を整理しておく．

ランダウの 2 次相転移の一般論に基づき，GL 理論では**超伝導秩序変数** $\Psi(\vec{r}) = |\Psi(\vec{r})|e^{i\varphi}$ (位相 $\varphi(\vec{r})$, 振幅 $|\Psi(\vec{r})|$) を導入する[*1]．この変数は T_c 以上ではゼロ，T_c 以下で大きくなると仮定する．局所的な超伝導キャリアー密度 $n_s(\vec{r})$ は $|\Psi(\vec{r})|^2$ で与えられる．このことは $\Psi(\vec{r})$ が波動関数的な性質を有することを示唆し，GL 理論は次の自由エネルギーを仮定した．

[*1] この超伝導秩序変数は巨視的な位相コヒーレンスの強さを表現しており，T_c 以下での超伝導状態と T_c 以上での常伝導状態の対称性の違いを表現する．

$$F = F_\mathrm{n} + \int \left(\frac{\hbar^2}{4m} |\nabla\Psi|^2 + a|\Psi|^2 + \frac{b}{2}|\Psi|^4 \right) \mathrm{d}V. \tag{4.1}$$

ここに,F_n は常伝導状態の自由エネルギー,m は電子質量である.空間的に一様な場合,積分の中の第1項はゼロとなり

$$F = F_\mathrm{n} + aV|\Psi|^2 + \frac{bV}{2}|\Psi|^4. \tag{4.2}$$

Ψ を実数とすると,$\partial F/\partial \Psi = 0$ により $\Psi = 0$,$|\Psi|^2 = -a/b$ が得られる.それぞれ,常伝導,超伝導状態での熱力学的平衡下での解となる.F が最小となるには,常伝導状態で $\partial^2 F/\partial \Psi^2 = 2aV$,超伝導状態で $\partial^2 F/\partial \Psi^2 = -4aV$ などの2階微分が正でなければならない.つまり,係数 a は $T > T_\mathrm{c}$ で正,$T < T_\mathrm{c}$ で負になる.

2次相転移の一般論[21]によれば,係数 a は T_c 近傍で $(T - T_\mathrm{c})$ のベキ級数となる.そのテーラー展開の第1項 $a = \alpha(T - T_\mathrm{c})$ (α は正) だけ考慮すると,$T < T_\mathrm{c}$ では $|\Psi|^2 = \alpha(T_\mathrm{c} - T)/b$ となる.これを式 (4.2) に代入すると,超伝導自由エネルギー F_s が得られる.

$$F_\mathrm{s} = F_\mathrm{n} - V\frac{a^2}{2b} = F_\mathrm{n} - V\frac{\alpha^2}{2b}(T_\mathrm{c} - T)^2. \tag{4.3}$$

係数 a と b は**熱力学的臨界磁場** $B_{\mathrm{c_{th}}}$ を決定するパラメータであるが,ここでギブスの自由エネルギー G を定義する.B-T 面内の B 軸に沿って G を積分すると,凝縮エネルギーが得られる.

$$G_\mathrm{s} - G_\mathrm{n} = -\frac{V}{2\mu_0}B_{\mathrm{c_{th}}}^2. \tag{4.4}$$

ここに,μ_0 は自由空間の透磁率.先程と同様にギブスの自由エネルギーを展開をすることにより,T_c 近傍で $B_{\mathrm{c_{th}}}(T) = B_{\mathrm{c_{th}}}(0) \cdot (1 - T/T_\mathrm{c})$ となる.式 (4.4) を温度で2回微分し,$B_{\mathrm{c_{th}}}(T = T_\mathrm{c}) = 0$ を用いると,T_c での比熱の跳びが次式で与えられる[*1].

[*1] ラトガース (Rutgers) の関係式という.

4.2 ギンツブルグ–ランダウ理論

$$(C_\mathrm{s} - C_\mathrm{n})_{T=T_\mathrm{c}} = \frac{VT_\mathrm{c}}{\mu_0}\left(\frac{\partial B_{\mathrm{c_{th}}}}{\partial T}\right)^2_{T=T_\mathrm{c}}. \tag{4.5}$$

超伝導秩序変数が空間的に一様でない場合,式 (4.1) で $(\hbar^2/4m)|\nabla\Psi|^2$ が $a|\Psi|^2$ と同程度の大きさになると凝縮エネルギーに大きな変化が生じる.この効果は,次式で定義される特徴的な長さのスケールを与える.

$$\xi_{\mathrm{GL}} = \sqrt{\frac{-\hbar^2}{2ma}}. \tag{4.6}$$

これを **GL** のコヒーレンス長というが,秩序変数が空間的に変化できる特徴的な長さである.先に述べた a の温度変化より,

$$\xi_{\mathrm{GL}}(T) = \frac{\xi_{\mathrm{GL}}(0)}{\sqrt{1-T/T_\mathrm{c}}}. \tag{4.7}$$

コヒーレンス長は T_c で無限大に発散する.

磁場がある場合,磁気エネルギー項 $\vec{B}^2/2\mu_0$ を式 (4.1) に追加する必要がある.超伝導電子は電荷を帯びているので,秩序変数はベクトルポテンシャル $\vec{A}(\vec{r})$ ($\vec{B}=\nabla\times\vec{A}$) とゲージ不変となるように結合する.これを保証するためには,$|\nabla\Psi|^2$ を $\left|[\nabla - i(2e/\hbar)\vec{A}]\Psi\right|^2$ で置き換える必要がある.次に,F を $\Psi(\vec{r})$ と $\vec{A}(\vec{r})$ で変分をとって極小化させると,2 つの GL 方程式が得られる.

超伝導キャリアー密度が空間的に一様な場合,ロンドン (London) 方程式

$$\nabla\times\vec{j}_\mathrm{s} = -\frac{e^2 n_\mathrm{s}}{m}\vec{B} \tag{4.8}$$

が導かれる.ここで $\vec{j}_\mathrm{s}$ は超伝導電流密度である.マックスウエル方程式,

$$\nabla\times\vec{B} = \mu_0 \vec{j}_\mathrm{s}, \tag{4.9}$$

$$\nabla\vec{B} = 0 \tag{4.10}$$

より,

$$\Delta\vec{B} = \frac{1}{\lambda_\mathrm{L}^2}\vec{B} \tag{4.11}$$

が得られる.この式は,ロンドンの**磁場侵入長** λ_L とよばれる特徴的な長さを定義し,コヒーレンス長 (4.7) と同様の温度依存性を示す.

$$\lambda_{\mathrm{L}}(T) = \frac{\lambda_{\mathrm{L}}(0)}{\sqrt{1-T/T_{\mathrm{c}}}}. \tag{4.12}$$

$T=0$ 極限で,

$$\lambda_{\mathrm{L}}(0) = \sqrt{\frac{m^*}{\mu_0 n_s e^2}}. \tag{4.13}$$

以上の理論の枠組みで,温度に依存しないパラメータ κ,

$$\kappa = \frac{\lambda_{\mathrm{L}}}{\xi_{\mathrm{GL}}}, \tag{4.14}$$

が定義され,これを GL パラメータという.

　1957 年,バーディン–クーパー–シュリーファ (J. Bardeen, L.N. Cooper, J.R. Schrieffer: BCS) は微視的理論を確立した.これを **BCS 理論**という.超伝導の標準理論としてだけでなく素粒子・原子核物理学にも大きな影響を与えた.BCS 理論は同位体効果やフェルミ準位でのエネルギー・ギャップ 2Δ の形成など数多くの実験事実を説明する.前者は,結晶を構成するイオンの質量 (同位体質量) とともに転移温度が変化することである.後者は,常伝導状態ではフェルミ準位まで有限な状態を電子が占有するのに対し,超伝導状態ではフェルミ準位近傍が禁制エネルギー帯になるようなギャップが開くことを指す.

　BCS 理論の発表後,ゴルコフ (L.P. Gor'kov) は現象論的な GL 方程式を BCS 理論から直接導出し,GL 理論での秩序変数 Ψ が超伝導電子対の波動関数と同等であることを証明した.

　BCS 理論の概略を以下に要約する.

1) 電子とフォノンの相互作用により電子間に有効的な引力相互作用が生じることがある.
2) フェルミ面上の電子間に引力が作用すれば,その強弱に無関係に安定な束縛状態に入り,電子対を形成する.これを**クーパー対**というが,運動量,スピンともに反対符号の電子間で最も安定となる.
3) 多粒子波動関数はフェルミ面近傍のすべての電子が対を形成するようにくみたてられる.
4) クーパー対を破壊して 2 個の "自由" 電子 (準粒子) を励起するには,エネルギー 2Δ 以上の外場 (温度,電磁波,音波など) が必要である.

ここでは，一般的な議論や実験データの解析に有用な BCS 理論の結果を整理しておこう[*1]．

BCS 理論は平均場近似での弱結合極限で成立する．その条件は，無次元の結合定数，

$$\lambda_{\mathrm{ep}} = |g_{\mathrm{eff}}|^2 \cdot N(E_{\mathrm{F}}) \tag{4.15}$$

が 1 よりかなり小さい場合である．ここで，$-|g_{\mathrm{eff}}|^2 = -V^*$ はフェルミ面近くのエネルギー領域 $\pm \hbar \omega_{\mathrm{D}}$ (ω_{D} はデバイ周波数) での有効的引力相互作用，$N(E_{\mathrm{F}})$ はフェルミ準位での状態密度である．BCS 理論の重要な結果のひとつがギャップ方程式

$$1 = \lambda_{\mathrm{ep}} \int_0^{\hbar \omega_{\mathrm{D}}} d\epsilon \frac{1}{\sqrt{\epsilon^2 + |\Delta|^2}} \tanh\left(\frac{\sqrt{\epsilon^2 + |\Delta|^2}}{2k_{\mathrm{B}}T}\right) \tag{4.16}$$

で，図 4.1 に示すようなギャップの温度依存性 $\Delta(T)$ を与える．

式 (4.16) で極限 $\Delta \to 0$ をとることにより，転移温度 T_{c} に対する BCS の表式

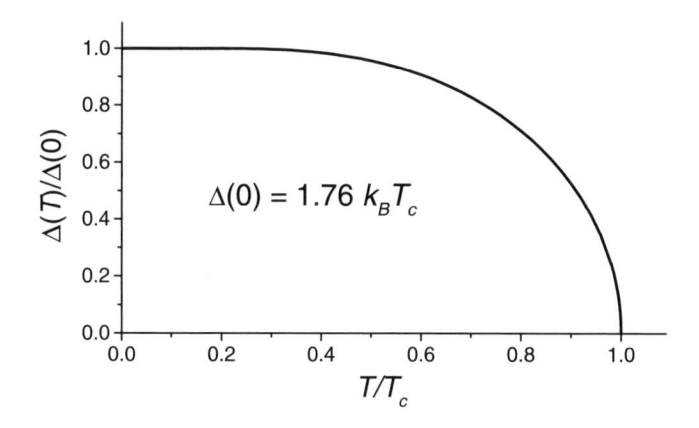

図 4.1 BCS 理論のギャップ関数の温度依存性．

[*1) 超伝導の教科書的専門書[22~27)] および個々の課題に関する総説論文を編集した専門書[28)] などがある．

$$k_B T_c = 1.13\hbar\omega_D \cdot \exp\left(-\frac{1}{\lambda_{ep}}\right) \tag{4.17}$$

が得られる.いっぽう,$T=0$ での積分から,

$$2\Delta(0) = 3.52 k_B T_c \tag{4.18}$$

の関係式が導かれる.BCS 理論は,λ_{ep} が $0.2 \sim 0.5$ 程度までのより強結合な場合へと拡張されたが,そこではフォノンの電子への効果および電子のフォノンに対する効果を矛盾しないよう取り扱う必要がある.その理論的枠組みは,エリアッシュベルグ (G.M. Eliashberg[23]) によって作られた.フォノンとの相互作用スペクトルを関数 $\alpha^2(\omega)F(\omega)$ ($F(\omega)$ はフォノン状態密度,$\alpha(\omega)$ は有効的な電子・フォノン行列要素) で表現し,その積分

$$\lambda_{ep} = 2\int_0^\infty \frac{\alpha^2(\omega)F(\omega)}{\omega}d\omega \tag{4.19}$$

が平均的な結合定数を与える.マクミラン (W.L. McMillan) は,転移温度に対する次のような近似的な表式を導いた[29].

$$k_B T_c = \frac{\hbar\omega_D}{1.45} \cdot \exp\left[\frac{-1.04(1+\lambda_{ep})}{\lambda_{ep} - \mu^*(1+0.62\lambda_{ep})}\right]. \tag{4.20}$$

パラメータ μ^* は電子間の遮蔽されたクーロン反発を考慮したクーロン擬ポテンシャルである.

4.3 超伝導転移

4.3.1 異方性とゆらぎ

通常の3次元超伝導体では,比熱や磁化率などの熱力学量で定義される T_c で電気抵抗はシャープに減少する.一般的には磁場下でも同様で,転移は上部臨界磁場 $B_{c_2}(T)$ に対応する温度にシフトするが,その転移形状には大きな変化は生じない.しかし,低次元性に伴って電子状態に強い異方性がある場合は超伝導秩序変数のゆらぎが顕著となり,転移はブロードになる.図 4.2 に,単結晶 κ-$(ET)_2Cu[N(CN)_2]Br$ の伝導面に平行および垂直に磁場を印加したときの転移曲線を示す[30].

同様な振る舞いは銅酸化物超伝導体でも観測される.強い異方性をもつ場合,

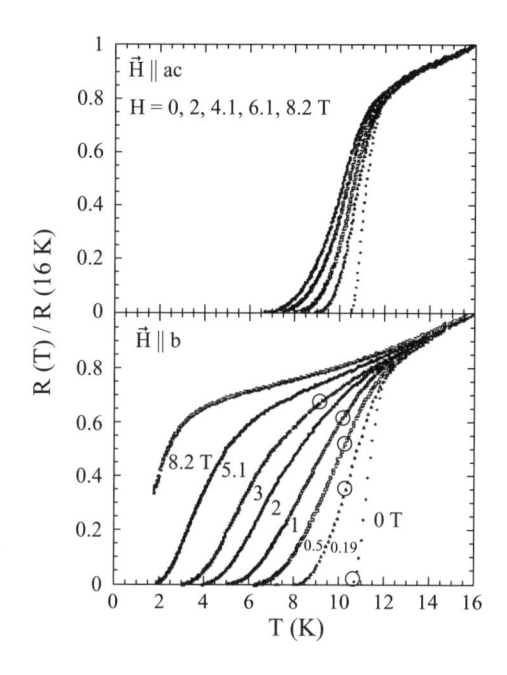

図 4.2　κ-(ET)$_2$Cu[N(CN)$_2$]Br の電気抵抗にみられる超伝導転移．磁場は伝導面に平行および垂直に印加．○印は磁化測定による超伝導開始温度．文献[30]．

比熱のような熱力学的物理量での転移と電気抵抗での転移を比較すると，充分超伝導が発達したと考えられる状態ではじめて磁場中抵抗がゼロとなることがある．T_c 以下で熱力学的には超伝導であるにもかかわらず有限な抵抗が発生してエネルギーが散逸する．したがって，転移温度の決定には磁化，比熱，熱膨張などの熱力学量を用いる必要がある．

　異方性の大きさに関しては，特に面間のコヒーレンス長が面間距離よりも大きい場合，有効質量テンソルを導入した現象論的 GL 理論やロンドンモデルで理解される[31]．いっぽう，異方性がきわめて大きくなりコヒーレンス長が面間距離よりも短い場合，ジョセフソン結合モデル (Josephson-coupling model)[32] が知られている．このモデルでは，層状構造超伝導体を薄い絶縁体で隔てられた超伝導層の繰り返しと考え，位相コヒーレンスは絶縁層をトンネルするジョセフソン電流によって保持されると仮定する．事実，この固有ジョセフソン効

果が有機超伝導体や酸化物超伝導体で研究されている．

このようなモデルで異方性の大きさを評価する基準のひとつが有効質量の比

$$\Gamma = m_\perp^*/m_\parallel^* \tag{4.21}$$

であり，これを**異方性パラメータ**という．ここに，$m_\perp^*$，$m_\parallel^*$ はそれぞれ超伝導キャリアの運動が伝導面と垂直，平行の場合に対応する．Γ は磁場侵入長 λ，コヒーレンス長 ξ の異方性に直接関係する．

$$\sqrt{\Gamma} = \frac{\lambda_\perp}{\lambda_\parallel} = \frac{\xi_\parallel}{\xi_\perp}. \tag{4.22}$$

4.3.2 圧力依存性

超伝導体の圧力効果は，相互作用の体積依存性に関する知見をもたらす[33]．また，より T_c の高い物質探索に指針を与えることもある[*1]．

超伝導体に圧力を印加すると，多くの場合 T_c は低下する．このことは，圧力が超伝導対形成の相互作用を弱めることを示唆する．加圧により結晶格子が硬化しデバイ温度 Θ_D が高くなると，電子・フォノン相互作用定数 $\lambda (\propto \Theta_D^{-2})$ は小さくなる[29]．図 4.3 に示すように，有機超伝導体でも T_c は圧力とともに減少するが，圧力係数 $(\partial T_c/\partial p)_{p\to 0}$ は異常に大きい．たとえば，α-$(ET)_2NH_4Hg(SCN)_4$ で $-0.25\,K/kbar$，κ-$(ET)_2Cu[N(CN)_2]Cl$ ($0.3\,kbar$ で $T_c = 12.8\,K$) では $-3.2\,K/kbar$ である．このような強い圧力依存性は，分子間の弱いファン・デル・ワールス力を考慮すると不思議ではない．事実，等温圧縮率 $\kappa_T = -\partial \ln V/\partial p$ は (κ-$(ET)_2Cu(NCS)_2$ で $\kappa_T = (122\,kbar)^{-1}$) 通常の金属に比べて約 5 倍大きい．物理的により明確な T_c の体積依存性，

$$\frac{\partial \ln T_c}{\partial \ln V} = \frac{V}{T_c} \cdot \frac{\partial T_c}{\partial V} = -\frac{1}{\kappa_T \cdot T_c} \cdot \frac{\partial T_c}{\partial p} \tag{4.23}$$

では，κ-$(ET)_2Cu(NCS)_2$ で $\partial \ln T_c/\partial \ln V \approx 40$ [34] となり，たとえば超伝導鉛の 2.4 よりも 1 桁以上も大きい．

1 軸性圧力も超伝導相互作用に関する有用な情報を提供する[35]．ここでは，エーレンフェストの関係式 (Ehrenfest relation)(3.3.2 項参照) をもとに 1 気圧

[*1] 例えば，La 系の超伝導体に静水圧をかけると T_c が高くなったことが，La^{3+} より小さなイオン半径 Y^{3+} をもつ $YBa_2Cu_3O_7$ 超伝導体の発見につながった．

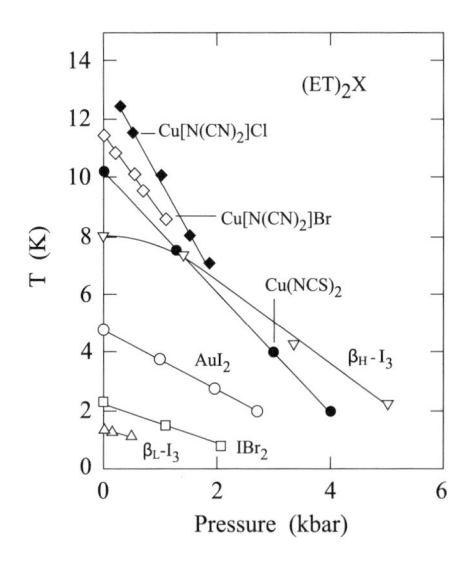

図 4.3 β-, κ-type $(ET)_2X$ 超伝導体の T_c の静水圧依存性.

下での熱膨張係数と比熱のデータを用いた熱力学的解析法を述べる．この関係式は，T_c の 1 軸性圧力係数を 2 次相転移温度 T_c での線熱膨張係数 $\Delta\alpha_i$ と比熱の跳び ΔC と関係付ける．

$$\left(\frac{\partial T_c}{\partial p_i}\right)_{p_i \to 0} = V_{\mathrm{mol}} \cdot T_c \cdot \frac{\Delta\alpha_i}{\Delta C}. \tag{4.24}$$

ここに V_{mol} はモル当たりの体積．図 4.4 は，β''-$(ET)_2SF_5CH_2CF_2SO_3$，κ-$(ET)_2Cu(NCS)_2$ および κ-$(ET)_2Cu[N(CN)_2]Br$ に対する主軸方向の線熱膨張係数の結果を示す．すべての物質に共通して，1) 強い異方性，2) 面間方向の圧力に対し異常に大きな負の効果，3) 面内の 2 方向で異方的などの特徴がみられる．T_c の減少を伴う静水圧効果では，事項 2) の面間の効果が支配的である．さらに，κ-$(ET)_2Cu(NCS)_2$ の面内での T_c の圧力係数はほとんどゼロあるいは小さい正の値を示すが，κ-$(ET)_2Cu[N(CN)_2]Br$ ではどちらも負となる．

　圧力によって誘起される原子間距離の変化は格子系および電子系の励起に影響を及ぼす．したがって，このような 1 軸性圧力の結果を理解するにはいくつかの因子を考慮する必要がある．例えば，分子間を伝播する音響フォノンの変

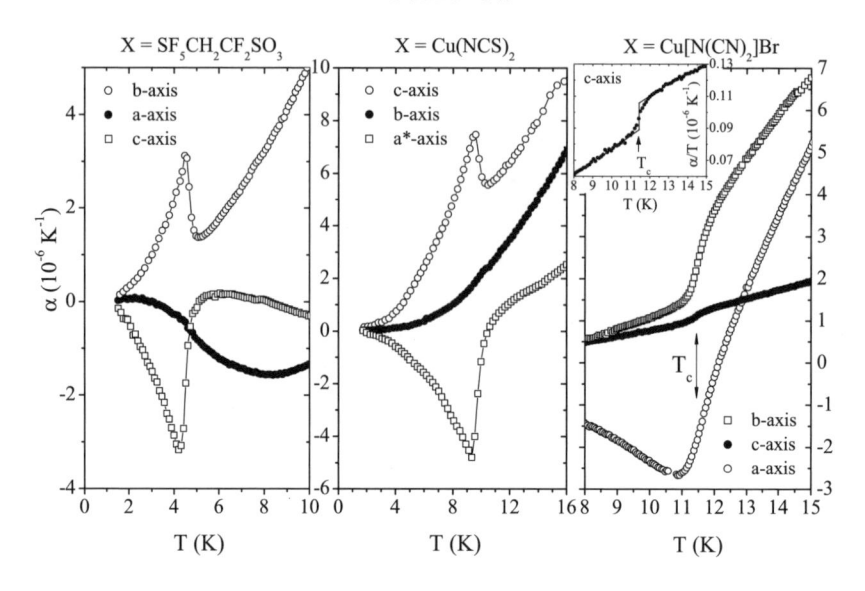

図 4.4 線熱膨張係数 α_i の超伝導相転移に伴う異常. 物質は, β''-(ET)$_2$SF$_5$CH$_2$CF$_2$SO$_3$ (左図), κ-(D$_8$-ET)$_2$Cu(NCS)$_2$ (中央), κ-(ET)$_2$Cu[N(CN)$_2$]Br (右図). 文献[34, 36, 37]. □は伝導面に垂直, ○, ●は伝導面内.

化や面間の圧力で誘起される電子間相互作用や格子系の自由度の変化は, 面内の圧力効果とも関連する可能性がある. さらに, 面内の圧力は, 種々の重なり積分やサイト間およびサイト内のクーロン反発力を変調させるであろう.

4.3.3 構造の乱れ

物質中に存在する乱れは, 一般的に格子欠陥あるいは不純物など結晶成長時に不可避的に生じるもの以外にも, 合金 (混晶) 化や X 線・電子線・中性子線による照射によっても導入される. このような外因性の乱れに加えて, 原子や分子がエネルギー的に縮退した 2 つの配置のうちどちらかひとつを選択する自由度に由来する内因性の乱れも存在する. 後者の例として, 非反転対称な 4 面体アニオンを有する (TM)$_2$X 塩でのアニオン整列の問題や κ-(ET)$_2$X 塩での末端エチレン基のガラス的な転移がある. このような秩序・無秩序型の転移点を急冷通過した場合, 乱れが凍結される度合いが増す.

さて, 乱れが超伝導に及ぼす影響を調べることで, クーパー対状態に関す

る知見が得られる場合がある. 1重項 (singlet) 超伝導体では, 不純物の導入によって E_F 近傍の状態密度が変わらないという前提のもとで, 非磁性不純物によるポテンシャル散乱は転移温度に影響しない. これをアンダーソンの定理 (Anderson's theorem) という[38,39]. 理由は, この散乱が時間反転対称性を保存するから対破壊として有効的でないからである. いっぽう, スピン反転をともなう磁気散乱はこの対称性を壊すので超伝導を強く抑制する. アブリコソフ–ゴルコフ (Abrikosov-Gor'kov) は, 不純物スピンによる伝導電子の散乱を第1ボルン近似で交換相互作用の2次まで取り入れて次式を導いた[40].

$$\ln\left(\frac{T_{c_0}}{T_c}\right) = \psi\left(\frac{1}{2} + \frac{\hbar}{4\pi k_B T_c} \cdot \frac{1}{\tau_M}\right) - \psi\left(\frac{1}{2}\right). \quad (4.25)$$

ここで T_{c_0} は散乱がない場合の転移温度, $\psi(x)$ はダイガンマ関数, τ_M は磁気散乱による準粒子の緩和時間である[*1].

式 (4.25) は, 非 s 波超伝導での非磁性不純物散乱による T_c 抑制にも, τ_M をその緩和時間 τ_N で置き換えればそのまま成立する[41]. いずれにせよ, 不純物濃度が充分低いとき ($\hbar/\tau \ll k_B T_c$), T_c は散乱頻度 $1/\tau$ に比例して低下する.

$$T_{c_0} - T_c \simeq \frac{\pi\hbar}{8k_B}\frac{1}{\tau}. \quad (4.26)$$

$(ET)_2X$ 塩では急冷することにより T_c は低下する. 冷却速度を変えて末端エチレン基の無秩序化を系統的に制御した実験結果[42]はこの理論式で解釈された. したがって, その無秩序化に起因する欠陥 (不純物) が非磁性であれば, d 波超伝導を強く示唆する証拠になる可能性がある[43]. しかし, 3 章でも述べたように, この系の超伝導は反強磁性絶縁体と隣接しているため, 誘起される欠陥が磁気モーメントをもつ可能性を排除できない. 事実, 重水素置換した系では, 反強磁性領域と超伝導領域が混在しており, 欠陥の磁気的状態を実験で明確にする必要がある. この問題については, 磁場侵入長への乱れの効果を論じるときに再び取り上げる.

この冷却速度に依存する末端エチレン基の無秩序化の現象は, 非対称中心アニオンを有する $(TMTSF)_2X$ 塩でのアニオン整列・不整列の現象と類似的である. この場合, アニオンは非等価な2つの配向をとることができ, 低温でのア

[*1] 希薄の磁気不純物を導入した超伝導体を一般的に近藤超伝導体とよぶ.

ニオン整列転移点を急冷通過した場合，部分的に乱れたドメインを形成することによってスピン密度波状態をとることが知られている．

4.4 超伝導パラメータ

超伝導体に磁場を印加すると T_c は低下する．電子と磁場 $\vec{B}$ の相互作用として，ゼーマン相互作用 (Zeeman interaction) $\vec{s}\cdot\vec{B}$ と軌道相互作用 $\vec{k}\cdot\vec{A}$ ($\vec{A}$ はベクトルポテンシャル) がある．これらの相互作用は，電子対 $(\vec{k}\uparrow, -\vec{k}\downarrow)$ のいっぽうの電子にとっては有利であるが他方の電子にとっては不利であるから対を破壊するように作用する，つまり転移温度を下げることになる．

ゼーマン相互作用は，常磁性極限磁場 B_P (パウリの極限磁場ともよばれる)

$$B_P(T) = \left[\frac{N(E_F)}{\chi_n - \chi_s}\right]^{1/2} \cdot \Delta(T) \tag{4.27}$$

を与える[*1)]．ここに，$N(E_F)$ はフェルミ準位における状態密度，χ_n, χ_s はそれぞれ常伝導，超伝導状態でのパウリの磁化率である[*2)]．さらに $T=0$ でのエネルギーギャップ Δ_0 を用いて，

$$B_P(T=0) = \frac{1}{\sqrt{2}\mu_B}\Delta_0 \tag{4.28}$$

となる．BCS の関係式 (4.18) を代入して

$$B_P \text{ (in Tesla)} = 1.84 \times T_c \text{ (in Kelvin)} \tag{4.29}$$

となる．B_P をチャンドラセカール–クローグストン (Chandrasekhhar-Clogston) の極限磁場とよぶこともある．このように，1 重項超伝導での臨界磁場には上限が存在する．

いっぽう，軌道相互作用は上部臨界磁場

$$B_{c_2}^* = \frac{\phi_0}{2\pi\xi_{GL}^2} \tag{4.30}$$

を与える．ここに，$\phi_0 = h/2e$ は磁束量子，ξ_{GL} は超伝導コヒーレンス長 (式

[*1)] パウリ常磁性によるエネルギー利得 $(1/2)\chi_P B^2$ (ここに $\chi_P = (1/2)(g\mu_B)^2 N(E_F) = 2\mu_B^2 N(E_F)$ $(g=2)$) が超伝導凝縮エネルギー (式 (3.12)) の利得と等しくなった磁場 B_P で常伝導状態に 1 次相転移することを意味する．

[*2)] 1 重項超伝導の χ_s は式 (4.36) で与えられ，$T=0$ でゼロ．

(4.7)) である.

これまで発見された有機超伝導体はすべて第2種超伝導体 ($\kappa = \lambda_\mathrm{L}/\xi_\mathrm{GL} \gg 1$) である. **下部臨界磁場** B_{c_1} は数ミリテスラ, **上部臨界磁場** B_{c_2} は数テスラのオーダーである. 電子状態が極めて異方的であることを反映して, このような臨界磁場にも大きな異方性が生じる. また, すでに述べたように低次元性に起因するゆらぎのために臨界磁場を決定することが, とくに電気抵抗測定で困難になる. その理由は, 超伝導秩序パラメータの位相のゆらぎが平均場的な臨界温度以下でも有限な電気抵抗を発生させるからである.

4.4.1 (TMTSF)$_2$X

比較的詳しく研究された (TMTSF)$_2$ClO$_4$ 塩の臨界磁場について述べよう. マイスナー効果や反磁性遮蔽効果の測定により, 主軸 (a-, b-, c-) に沿って磁場を印加した場合の下部臨界磁場 $B_{c_1}(50\,\mathrm{mK})$ は, それぞれ 0.2, 1, 10 (単位 10^{-4} T) となる. 式 (4.5) を用いて, 比熱から超伝導凝縮エネルギーを評価して熱力学的臨界磁場 $B_{c_\mathrm{th}} = (44 \pm 2) \cdot 10^{-4}$ T が得られる. 図 4.5 は 電気抵抗測定から評価された B_{c_2} の温度依存性を示す. 一定磁場下での温度変化で抵抗が半分にまで減少する温度 $T_c(B)$ をプロットしたものである. $T = 0\,\mathrm{K}$ での a-, b-, c-軸方向での B_{c_2} が 2.8 T, 2.1 T, 0.16 T と評価されている. この中で a-軸方向での B_{c_2} が最も大きく, かつ $B_\mathrm{P} = 2.3$ T ($T_c = 1.25\,\mathrm{K}$) に近い. このことはスピン1重項超伝導と考えて特に矛盾はない.

いっぽう, 加圧下の PF$_6$ 塩では電気抵抗および磁気トルクからパウリの極限の 2~4 倍にも達する異常に高い臨界磁場が報告され, **スピン3重項**の可能性が指摘されている[47,48].

さて, 上部臨界磁場の T_c 近傍での勾配 $\mathrm{d}B_{c_2}^i/\mathrm{d}T$ から, GL のコヒーレンス長が求まる[24,49].

$$\frac{\mathrm{d}B_{c_2}^i}{\mathrm{d}T} = \frac{\phi_0}{2\pi \xi_j(0) \xi_k(0) T_c}. \tag{4.31}$$

ここに, i, j, k は a, b, c に対応する. この式で得られた c-軸方向の $\xi_c(0) \sim 2\,\mathrm{nm}$ は a-軸や b-軸方向の値 70 nm, 33.5 nm よりも 1 桁以上も小さく, 格子定数 c = 1.35 nm と同程度である. このことは, 超伝導が準1次元的であることを意

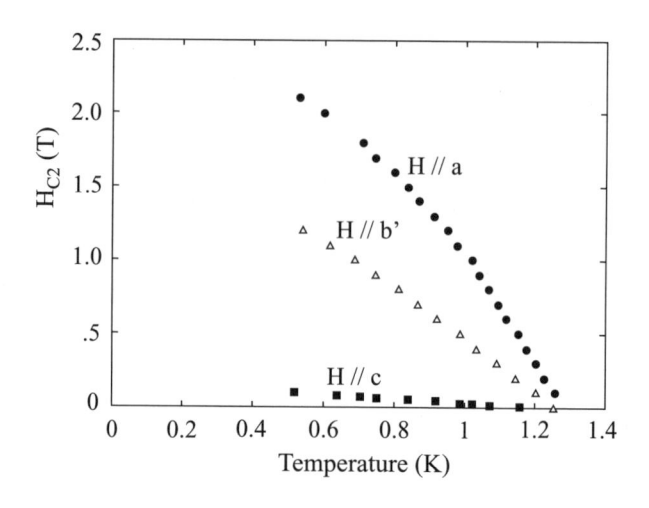

図 4.5 (TMTSF)$_2$ClO$_4$ の上部臨界磁場の温度変化．磁場はそれぞれ結晶の主軸に印加．文献[44]．

味している．また，a-軸に磁場を印加したときのロンドンの侵入長 $\bar{\lambda} = 40\,\mu$m は GL コヒーレンス長よりも数桁も大きい．

4.4.2 (BEDT-TTF)$_2$X

ここでは，κ 塩超伝導体の臨界磁場について説明する．図 4.6 の左図は，静磁化測定から得られた κ-(ET)$_2$Cu[N(CN)$_2$]Br 塩の上部臨界磁場 B_{c_2} を示す．いっぽう右図は，伝導面に平行に磁場を印加したときの磁気抵抗と比熱から決定した上部臨界磁場の温度依存性である．面内の異方性を無視した場合，式 (4.31) から GL コヒーレンス長を評価すると $\xi_\perp(0) = 0.5 \sim 1.2$ nm, $\xi_\parallel(0) = 28 \sim 64$ nm となる．TMTSF 塩同様，面間のコヒーレンス長は格子間隔と同程度であり，2 次元性の強い超伝導であることを示唆している．

いっぽう，$B_{\rm P}$ は式 (4.29) より 21 T と評価され，実験で決定された $B_{c2}^\parallel(0)(> 30\,{\rm T})$ よりも低い．しかし，NMR のナイトシフトの実験—低温でスピン磁化率がほぼゼロになる—から明確にスピン 1 重項であると考えられる[*1]．さらに，

[*1] 強結合超伝導の場合，相互作用によりフェルミ準位近傍の状態密度が因子 $(1 + \lambda)$ 倍の再規格化を受け，$B_{\rm P}$ (式 (4.29)) は $(1 + \lambda)^{1/2}$ 倍増強される可能性もある．

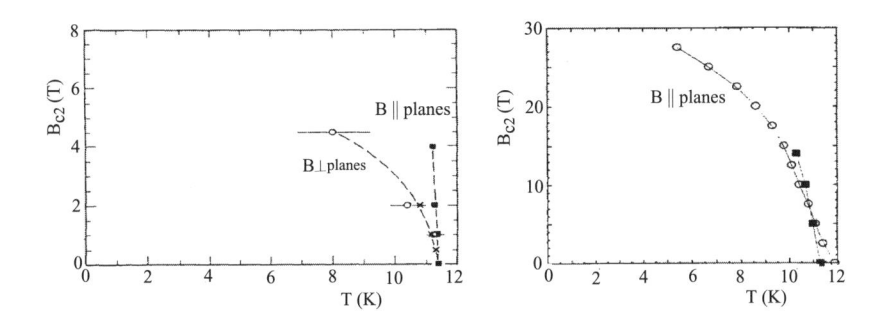

図 4.6 κ-$(ET)_2Cu[N(CN)_2]Br$ 塩の上部臨界磁場. 左図は静磁化率より評価された上部臨界磁場の異方性[45]. 右図は, 磁場を伝導面に平行に印加したときの電気抵抗と比熱から決定した上部臨界磁場の温度依存性[46].

$B_{c2}^{\parallel}(0)$ が異常に大きいことに関して, フルデ-フェレル-ラルキン-オブチニコフ状態 (Fulde-Ferrell-Larkin-Ovchinnikov state, 以下 FFLO と略す) [*1]への転移の可能性が議論されている[50,51].

4.5 強磁場下での超伝導：ジャッカリーノ–ピーター効果

局在 4f スピンと d-バンド電子が互いに強く相互作用するシェブレル相とよばれる超伝導体で, 磁場下で常伝導金属に復帰した後, さらに強磁場中で超伝導に再転移する現象が 1980 年代初頭に発見された. この現象をジャッカリーノ–ピーター効果 (Jaccarino-Peter effect) という[52]. この効果は λ-$(BETS)_2FeCl_4$ や κ-$(BETS)_2FeBr_4$ 等の BETS 系 2 次元伝導体でも観測された[53]. これらの系は 4 面体アニオンの Fe^{3+} に局在する高スピン ($S_d = 5/2$) が準 2 次元バンドを形成するパイ電子と相互作用している物質である. 以下, 後者の物質を例にして説明しよう. この物質は, $T_N = 4\,K$ で常磁性金属からスピン $S_d = 5/2$ が反強磁性秩序を形成した金属に転移, さらに温度を下げると $T_c = 1.4\,K$ で超伝導となる. つまり, 局在スピンの反強磁性配列と超伝導秩序が共存している.

[*1] 有限の運動量を有する電子対 ($\vec{k}\uparrow, -\vec{k}+\vec{q}\downarrow$) を形成する超伝導を意味する. 強磁場下でゼーマン分裂したフェルミ面上の電子間に期待され, 超伝導秩序パラメータは実空間で波長 $2\pi/q$ で振動すると考えられる.

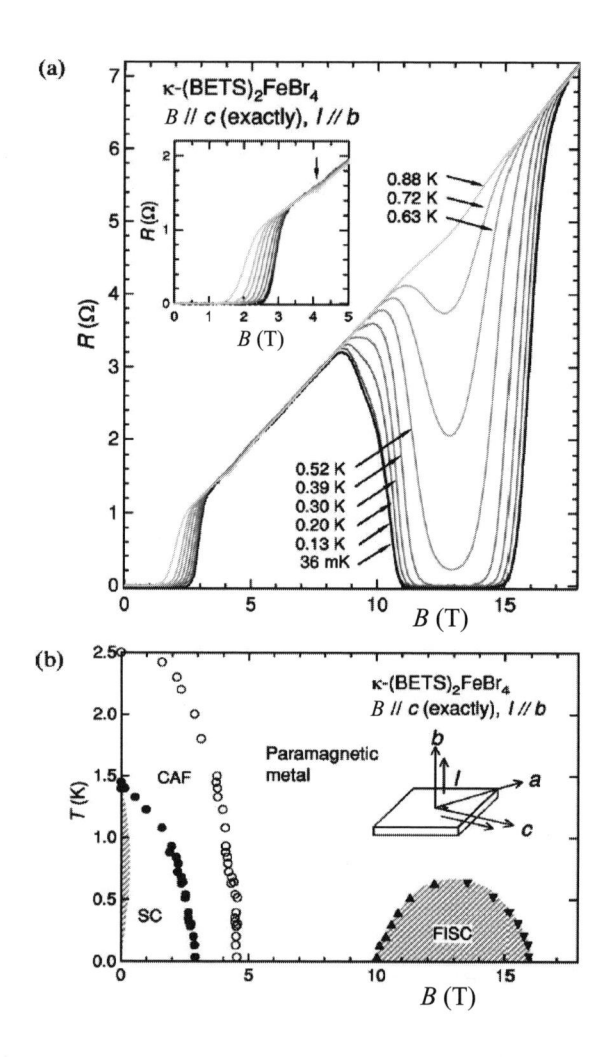

図 4.7 (a) κ-$(BETS)_2FeBr_4$ 塩の伝導面に平行に磁場を印加したときの面間電気抵抗の磁場変化. 低磁場のデータの詳細は内挿図. (b) 磁場・温度相図. ●, ○, ▲ はそれぞれ超伝導, キャントした反強磁性, 磁場誘起超伝導転移の境界線, 斜線部分は理論計算で期待される超伝導領域を示す. 文献[54]).

この共存状態で磁場を面内に平行に印加していくと，図 4.7 (a) に示すように数テスラの磁場で超伝導から常伝導へと転移し，さらに磁場を強くしていくと $B = 10 \sim 15\,\mathrm{T}$ の範囲で超伝導に復帰する．磁場・温度相図 ((b) 図) は，磁場が低いところから，超伝導–反強磁性–常磁性金属–超伝導–常磁性金属と逐次的に電子的および磁気相転移が生じることを示す．この強磁場下でのいわゆる磁場誘起超伝導は以下のように理解される．

外部磁場 $\vec{B}_\mathrm{e}$ は反強磁性配列している局在 S_d 系にメタ磁性転移を誘起してスピンが傾いたスピンキャンティング (spin canting) 状態を誘起し，さらに磁場を強くしていくと，磁場方向に連続的にかつ強制的に揃っていく．d スピンが磁場方向に整列していくと，有効的内部磁場 $\vec{B}_J = (J_{\pi\mathrm{d}}/g\mu_\mathrm{B})\vec{S}_\mathrm{d}$ が π-d 相互作用を通して伝導電子に作用する．π-d 間の交換相互作用が反強磁性的であれば $J_{\pi\mathrm{d}} < 0$ となり，$\vec{B}_J$ は外部磁場と必ず反平行になる．したがって，$\vec{B}_\mathrm{e}+\vec{B}_J = 0$ を満たすような外部磁場 $\vec{B}_\mathrm{e}$ で伝導電子は磁場を感じなくなり，基底状態である超伝導に復帰する．これを**磁場の補償効果** (compensation effect) という．

この物質の $J_{\pi\mathrm{d}}$ は $7.9\,\mathrm{K}$，つまり $B_0 = 15\,\mathrm{T}$ となる．完全に磁場補償が起きる磁場を B_0 とすると，この磁場誘起超伝導が安定な磁場範囲はその前後のパウリの極限磁場の範囲，$|B_0| - B_\mathrm{P} < B_\mathrm{e} < |B_0| + B_\mathrm{P}$ となる．式 (4.29) を用いて $B_\mathrm{P} \sim 2\,\mathrm{T}$ と評価され，図 4.7 の相図が説明される．

4.6 超伝導秩序の対称性

4.6.1 クーパー対の対称性

2 次相転移では，低温相で長距離的な秩序が発達するのに伴い関与する対称性が自発的に破れる．超伝導も例外ではなく，この問題を解明することは超伝導状態を理解するうえで本質的に重要である[55,56]．2 次相転移のため対称性の破れは転移点で連続的である．したがって，超伝導状態を記述する対称性は $T > T_\mathrm{c}$ での常伝導状態の全対称群 G の部分群でなければならない．

$$G = X \times R \times U(1) \times T. \tag{4.32}$$

ここで，X は結晶格子の並進対称，R はスピン回転対称，$U(1)$ は 1 次元ゲージ対称，T は時間反転対称の操作を意味する．通常の s 波超伝導で失われる対称操作は $U(1)$ であり，その結果，巨視的量子位相コヒーレンス，マイスナー

効果，磁束の量子化，ジョセフソン効果などの現象が生じる．いっぽう，非 s 波超伝導ではこの $U(1)$ 以外にもうひとつあるいは複数個の対称性が T_c で失われる．

クーパー対状態の対称性は秩序パラメータの対称性に反映され，これを実験で検証することは重要である．しかし，超伝導を発現させる相互作用を特定し，その詳細なプロセスを詳らかにすることは多くの場合困難である．このことが個々の物質での超伝導の理解を妨げている要因でもある[*1]．

4.6.2 対称性による対状態の分類

パウリの原理より，電子の交換に対して対波動関数は反対称になる．その結果，$S=0$ のスピン 1 重項では偶数角運動量 $L=0,2,4,\ldots$ の，$S=1$ のスピン 3 重項では奇数角運動量 $L=1,3,\ldots$ の対状態が許される．そしてもし結晶構造に反転対称性があれば，超伝導は対状態のパリティ(parity, 偶奇性) で分類できる．つまり，スピン 3 重項は奇パリティ(odd parity) の，スピン 1 重項は偶パリティ(even parity) の秩序パラメータを有することになる．このような分類はスピン軌道相互作用[*2]が小さい場合明確に定義でき，軽い元素で構成される有機超伝導は多くの場合これに該当するものと考えられる．

結晶格子の対称性を考慮することにより，対状態はさらに詳細に分類される．2 次相転移のランダウ理論によれば，秩序パラメータは高温相の対称群の既約表現のひとつにしたがって変換され，常伝導状態の対称性を既約表現に分解しておけば群論的に可能な秩序パラメータの分類ができる[62]．その結果，秩序パラメータは既約表現 Γ^j の基底 χ^j_μ の線形結合で表現できる．

[*1] 例えば，具体的な物質で電子フォノン相互作用による超伝導発現機構を特定するには，スペクトル密度関数を実験と理論で明らかにする必要がある[57,58]．実験では，トンネル効果 (微分コンダクタンス・スペクトル)，赤外分光 (光学電気伝導スペクトル)，非弾性中性子散乱 (フォノン分散・状態密度やフォノンの緩和時間)，角度分解型光電子分光 (電子分散・状態密度および電子フォノンによるスペクトル密度) などがある．歴史的には，Pb や Nb などの超伝導がフォノンを仲立ちとして発現することの実証は，トンネル効果によるスペクトル密度の実験と理論計算で得られた．余談になるが，最近の Pb 薄膜のテラヘルツ分光測定では，今まで実験で実証されていなかったホルシュタイン機構の寄与が検証されている[59]．

[*2] スピン・軌道相互作用が強くなるとスピン量子数がよい量子数でなくなる．この相互作用の大きさは原子番号の 4 乗に比例する．

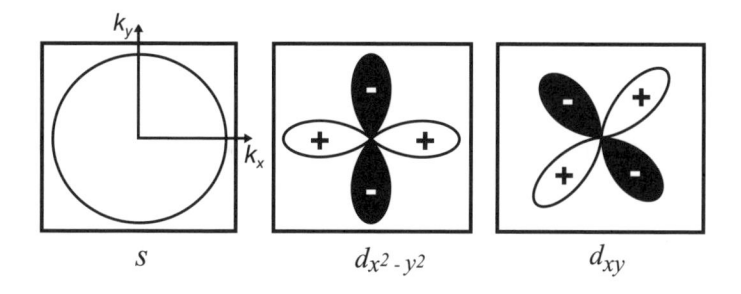

図 4.8 点群 C_{4v} での許される基底関数の波数空間表示.超伝導秩序パラメータの基底:(左から)定数 (A_{1g}), $x^2 - y^2$ (B_{1g}), xy (B_{2g}). 文献[1].

$$\Delta(\vec{k}) = \sum_{\mu=1}^{l_j} \eta_\mu \chi_\mu^j(\vec{k}). \quad (4.33)$$

ここで,l_j は Γ^j の次元数,η_μ は式 (4.32) のすべての対称操作のもとで不変な複素数である[*1].一般的に,有機超伝導体の構造は低対称であるから,点群 C_{4v} の正方格子を有する層状構造と近似しよう.図 4.8 にこの点群対称のスピン 1 重項状態を波数空間表示する.Al や Zn のような超伝導体は BCS 理論でよく理解され,スピン 1 重項,$L = 0$ の s 波対称性をもつ.$T = 0$ ではすべてのクーパー対がひとつの巨視的波動関数で記述される同じ量子力学的状態にある.その場合もっとも単純な近似は,ギャップが波数空間で定数であると仮定することである.超伝導凝縮エネルギー (式 4.4) は $E_{\rm cond} = \frac{1}{2} \cdot N(E_{\rm F}) \cdot \Delta(0)^2$ であり,また熱励起に関係する物理量は有限のエネルギーギャップを跨ぐ準粒子励起 ($E_{\rm F} - \Delta < E < E_{\rm F} + \Delta$ で $N(E) = 0$) を直接反映し,低温では指数関数的で弱い温度変化を示す.たとえば,$T \ll T_c$ での電子比熱 $C_{\rm es}$ は,

$$C_{\rm es}(T) \propto \exp\left(-\frac{\Delta}{k_{\rm B}T}\right) \quad (4.34)$$

となる.フェルミ面が異方的であれば,相互作用もギャップも波数ベクトルに依存するようになる.

いっぽう,非 s 波超伝導ではフェルミ面のある領域でギャップ関数がノードを

[*1] 種々の対称群,結晶構造の既約表現の基底に関しては,文献[60~62]参照.

もつ*1). ギャップがフェルミ面の点あるいは線上でゼロとなるものをそれぞれ**軸性** (axial), **極性** (polar) というが, 状態密度は $E \to E_F$ で $(E-E_F)$ のべき乗でゼロに漸近する*2). ギャップが消滅する領域が存在するので無限小のエネルギー励起が可能となる. したがって, 準粒子励起は $T \to 0$ の極限でも可能であり, 準粒子数に関係するすべての物理量は温度のべき乗で変化する. たとえば, 比熱への準粒子の寄与は,

$$C_{es}(T) \propto T^n \tag{4.35}$$

となる. 指数 n はギャップノードのトポロジーに依存して変化する.

比熱, NMR 緩和率, 磁場侵入長など準粒子密度によって決まる物理量を測定することにより, クーパー対の対称性を特定する実験が数多く行われている. 以下, κ-(ET)$_2$X 塩と κ-(TMTSF)$_2$X 塩の実験と理論の現状を述べよう.

4.6.3 κ-(BEDT-TTF)$_2$X 塩でのクーパー対状態
a. ギャップ異方性を探る実験結果

まず, κ-(ET)$_2$Cu(NCS)$_2$ 塩のミリ波帯高周波伝導の角度依存性の結果から[64], b-, c-方向にノードをもつ "X 型" の異方的なギャップ, つまり $d_{x^2-y^2}$ 対称であると主張されている*3).

同じ物質で同様の対称性は, 走査型トンネル分光 (STM: Scanning Tunnelling Spectroscoy) からも議論されている[63]. 単結晶の厚みに沿って dI/dV-V 曲線を測定することにより bc 伝導面内の異方性を決定する. こうして得られたトンネル電流曲線を d 波ギャップモデルで解析, 対応する $2\Delta_0/(k_BT_c) = 8.7 \sim 12.9$ は BCS 値 (4.18) の $2 \sim 3$ 倍になる. ギャップノードに関しては k_b-, k_c-軸から $\pi/4$ 傾いた方向, つまり $d_{x^2-y^2}$ 対称性であると報告されている.

熱伝導度に関しては, STM と比較して試料表面の効果を受けにくい利点があるいっぽう, 超伝導渦糸状態でのギャップノードの対称性と熱伝導の理論計算[68] が必要である. 図 4.9 には κ-(ET)$_2$Cu(NCS)$_2$ の結果を示す[67]. 一定磁場下 $B=2$ T での熱伝導度 κ の面内角度変化を示し, Θ は b 方向の熱流と磁場

---

*1) 超流動 ^{3}He ではフェルミ面は等方的であるのでフェルミ面全域でノードを有する.
*2) 不純物散乱を考慮すると, ギャップが消滅する領域が拡がることを付記しておく[62].
*3) 磁気的ブリルアン域の定義に混乱があり[64], ノードの方向が間違っている. 本実験の内容に関して批判的なコメントがある[65,66].

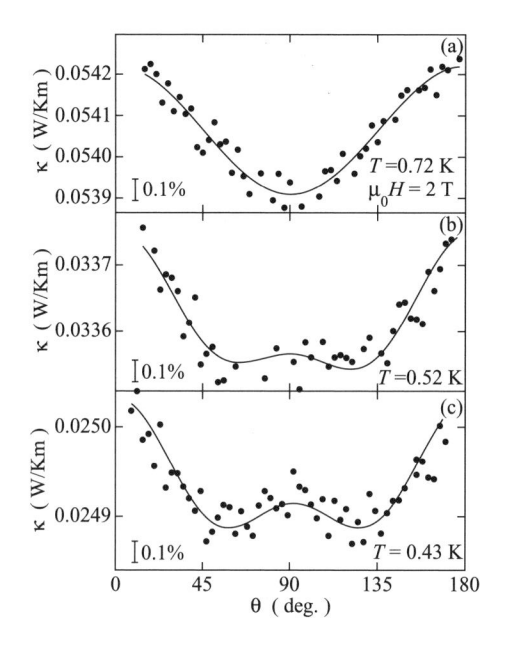

図 4.9 κ-(ET)$_2$Cu(NCS)$_2$ 塩の熱伝導率 $\kappa(B,\Theta)$ ($H = 2$ T) の面内角度依存性. Θ は磁場と熱流方向 (b-軸) のなす角度. 実線は関数 $\kappa(B,\Theta) = C_0 + C_{2\Theta}\cos 2\Theta + C_{4\Theta}\cos 4\Theta$ を表すが, ここで C_0, $C_{2\Theta}$, $C_{4\Theta}$ は定数. 文献[67].

のなす角である ($B \parallel b$ のとき $\Theta = 0°$). 大きな 2 回対称の寄与に加えて, 低温 $T = 0.52, 0.43$ K で 4 回対称性の寄与がある. 前者はフォノンの効果で説明されている. 後者はノードギャップ構造を反映する電子の寄与として, ギャップノードは b-, c-軸から $\pi/4$ 回転した方向 ($d_{x^2-y^2}$) にあると結論されている. 筆者らは, これらの結果が b-, c-軸方向へのノードの可能性を示唆する**反強磁性スピンゆらぎの理論と相容れない**ことから, **電荷ゆらぎ**[69,70] の可能性を指摘している[67].

b. 核磁気共鳴

ここでは, ナイトシフト (Knight shift) K_s とスピン・格子緩和率 T_1^{-1} の温度依存性について述べる. 前者は準粒子のスピン磁化率 χ_P に比例し, フェルミ準位での状態密度に関する知見を, いっぽう後者は準粒子との相互作用によ

る核スピンの緩和に関する情報を提供する．スピン1重項の超伝導体の $K_\text{s}(T)$ は次の芳田関数で与えられる．

$$\chi_\text{s} = -4\mu_\text{B}^2 \int \frac{N(E_\text{F}) \cdot |E|}{(E^2 - \Delta^2)} \left(\frac{\partial f}{\partial E}\right) dE. \qquad (4.36)$$

ここで，f はフェルミ–ディラック (Fermi-Dirac) の分布関数である．ノードのないスピン1重項超伝導の χ_s は，$T \to 0$ の極限で指数関数的に減少するが，ノードがある場合低温で非指数関数的になる．スピン3重項では T_c を通過してもまったく変化しない[72]．

^{13}C のスピン格子緩和測定には，TTF 骨格の中央2重結合の炭素を ^{13}C 同位体で置換した単結晶が用いられている．この核は末端エチレン基のプロトンよりも π 電子との結合が強いことに特徴がある．結果を以下に要約する．i) 伝導面に平行下でのナイトシフトの測定は低温でゼロに向かって減少 (図 4.10)，したがってスピン1重項であり，(ii) スピン・格子緩和率 T_1^{-1} の温度変化にはヘーベル–シュリヒターのコヒーレンスピーク (Hebel-Slichter's coherence peak) が存在せず，低温で T^3 に近い温度変化をする (図 4.11)．この振る舞いから線状のノードギャップを有する可能性が指摘されている[71, 73, 74]．

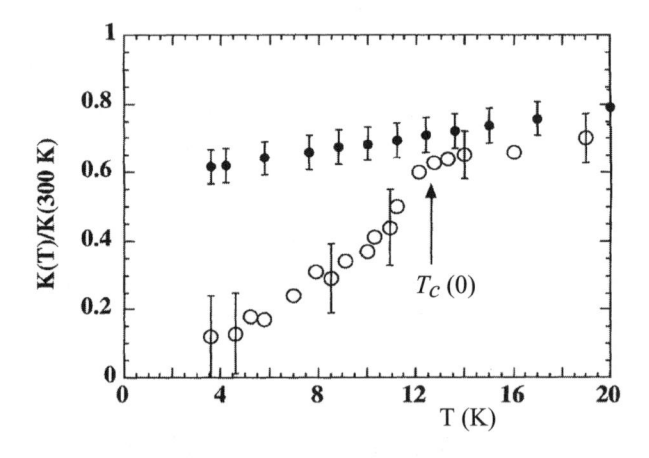

図 4.10　κ-(ET)$_2$Cu[N(CN)$_2$]Br 塩の ^{13}C-NMR 信号のナイトシフトの温度依存性 (● (○) は面に垂直 (平行) 磁場 7.8 T). 文献[71].

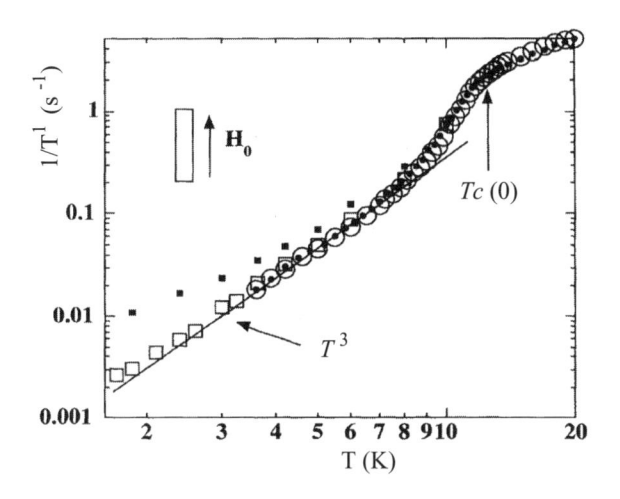

図 4.11　スピン・格子緩和率 $(T_1)^{-1}$. 磁場は伝導面に平行に印加：5.6 T (○), 7.8 T (●), 7 T (□). 7 T (■) のデータは平行から少し方位がずれた場合. 文献[71]).

c. 熱伝導

図 4.12 に示すように，κ-(ET)$_2$Cu(NCS)$_2$ の熱伝導度 $\kappa(T)$ は T_c 以下で増加し 2〜3 K 低い温度でピークをとり，磁場を印加するとこのピーク強度は抑制される．

一般的に，T_c 直下での熱伝導の増加の原因は，超伝導ギャップが開くために準粒子によるフォノンの散乱が減少してフォノンの平均自由行程が長くなるからである．ギャップ対称性については，$T \to 0$ の極限で熱伝導度が温度に比例する項が残ることから，ギャップゼロの励起として解釈された．その後，κ-(ET)$_2$Cu[N(CN)$_2$]Br 塩で同様の実験がなされたが，それによると低温でのフォノンの散乱長が準粒子との散乱で大きく影響を受けることが明らかとなり，上記ギャップゼロの解釈の問題点が指摘されている[76]．

d. 磁場侵入長

秩序パラメータの対称性は磁場侵入長 λ_L の温度変化に反映される．ロンドン理論によれば $T \to 0$ での極限 $\lambda_L(0) (= (m^*/\mu_0 n_s e^2)^{1/2}$ (式 (4.13))) が超伝導電子密度 n_s に直接関係する．

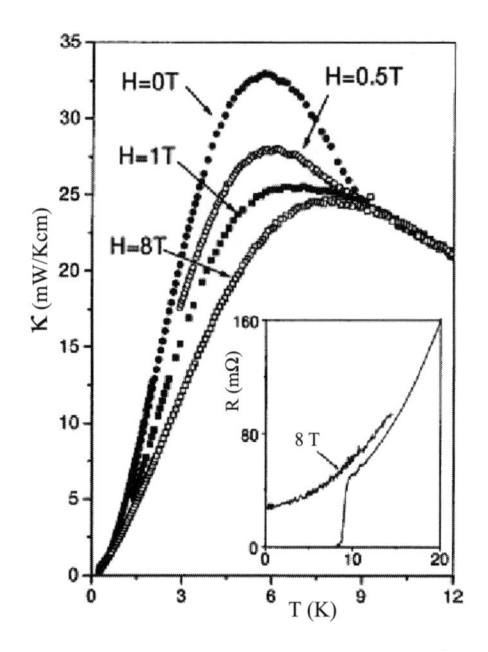

図 4.12　κ-$(ET)_2Cu(NCS)_2$ 超伝導体の熱伝導度の温度依存性 (磁場は伝導面に垂直). 文献[75]).

2流体モデルでは，電子密度 n_e が超伝導電子密度 n_s と常伝導電子密度 n_n との和 $n_e = n_s(T) + n_n(T)$ で与えられると仮定する．したがって，$\lambda_L(T)$ の温度変化は $n_n(T)$ 準粒子密度の温度変化を反映する．$n_s(T \to 0) = n_e$ であるから，低温極限では $\lambda_L^2(0) \propto m^*/n_s(0)$ となり対凝縮密度を与える．弱結合近似の BCS 理論では，$T \ll T_c$ で

$$\lambda_L(T) \simeq \lambda(0) \left[1 + \left(\frac{2\pi\Delta}{k_B T} \right)^{\frac{1}{2}} \exp\left(-\frac{\Delta}{k_B T} \right) \right] \qquad (4.37)$$

となる．低温 ($k_B T \ll \Delta_{\min}$) では，ノードをもたない異方的ギャップの場合極小のギャップ $\Delta_{\min}$ が支配的になるのに対し，フェルミ面の線上や点でノードをもつ場合 $\lambda_L(T) \propto T^n$ のように温度のべき乗則となる．

磁場侵入長はさまざまな実験で研究された．交流磁化率[77~80]，ミュー中間子共鳴[81,82]，磁化[83~86]，表面インピーダンス[87~91]，トンネルダイオード発振[92]，

4.6 超伝導秩序の対称性

デコレーション法[93,94] など．しかし，実験手法の違いだけでなく，同じ手法でも互いに相矛盾した結果が報告されている．

このような状況は，秩序パラメータの対称性の解釈や超伝導発現機構の議論に混乱をもたらしている．例えば，表面インピーダンスでは，共振器摂動法とよばれる方法でマイクロ波の共鳴周波数と共鳴幅から複素伝導率を測定し磁場侵入長を求める．低温の $\kappa\text{-(ET)}_2\text{Cu(NCS)}_2$ の侵入長が指数関数的に減少し s 波を支持する報告と[88,91] と温度に比例して減少する非 s 波を主張する報告[90]がある．

$\lambda_L(T)$ の指数関数からのズレはラジオ波帯でのトンネルダイオード発振の実験[92]でも得られている．図 4.13 に示す．$T^{3/2}$ という温度のべき乗則について，不純物や擬ギャップなどの d 波超伝導への影響などが議論されている．

同様の不一致は，磁束格子のつくる磁気誘導の空間変化から侵入長を決めるミュー中間子共鳴 (μSR) 実験にもみられる．$\kappa\text{-(ET)}_2\text{Cu(NCS)}_2$ での結果[81]は BCS 的であるのに対し，別のグループによる $\kappa\text{-(ET)}_2\text{Cu[N(CN)}_2]\text{Br}$ 塩での結果[82] は低温で $\lambda_\parallel(T) \approx 1 + \alpha \cdot (T/T_c)$ を示している．

いっぽう，交流磁化率では d 波超伝導に期待される 2 乗則 $\lambda_\parallel(T)/\lambda_\parallel(0) - 1 \propto (T/T_c)^2$ が報告されている[77,79,80]．しかし，交流磁化率測定では，格子欠陥の

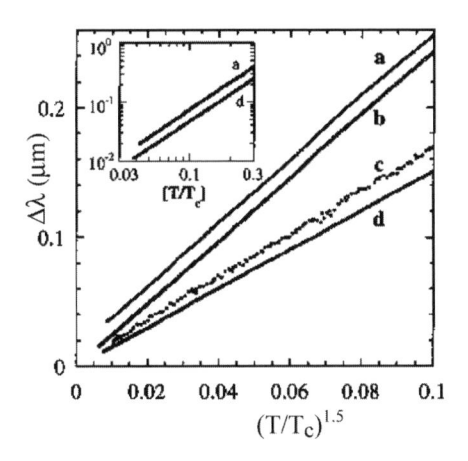

図 4.13 面内磁場侵入長 $\Delta\lambda_\parallel(T)$ の $(T/T_c)^{3/2}$ プロット：(a, b)$\kappa\text{-(ET)}_2\text{Cu[N(CN)}_2]$ Br; (c, d) $\kappa\text{-(ET)}_2\text{Cu(NCS)}_2$．文献[92]．

周りにピン止めされた磁束芯が見かけ上 T^2 依存性をもたらすことが交流磁場の遮蔽効果の実験で検証された．この本質的でない外因性の問題が非 s 波超伝導の証拠との誤った解釈の原因であることが指摘されている[95]．

次に超伝導渦糸状態での可逆磁化曲線から侵入長を決定する手法を述べる．ロンドンモデルによれば，磁化 M は

$$\frac{dM}{d(\ln B)} = \frac{\phi_0}{32\pi^2 \lambda_{\text{eff}}^2} \tag{4.38}$$

と与えられるが，B が伝導面に垂直な場合 $\lambda_{\text{eff}}^2 = \lambda_\parallel^2$，平行な場合 $\lambda_{\text{eff}}^2 = \lambda_\parallel \lambda_\perp$ である[98]．散乱頻度が比較的低く，ロンドンモデルのような局所的近似が成立する超伝導では，すなわち $\lambda_\parallel > \ell_\parallel > \xi_\parallel$ ($\ell_\parallel$ は面内での電子の平均自由行程距離) では，次式が成り立つ．

$$\lambda_\parallel(0) = \lambda_L(0)\sqrt{1 + \xi_\parallel/\ell_\parallel}. \tag{4.39}$$

ここに $\lambda_L(0)$ はクリーンな系でのロンドンの磁場侵入長で，$\xi_\parallel$ は GL のコヒーレンス長である．κ-$(ET)_2Cu(NCS)_2$ 塩では $\ell_\parallel = 100 \sim 240$ nm, $\xi_\parallel = 3 \sim 7$ nm, いっぽう κ-$(ET)_2Cu[N(CN)_2]Br$ 塩でも $\ell_\parallel = 26 \sim 38$ nm で $\xi_\parallel = 2.4 \sim 3.7$ nm よりも約 1 桁長い．

3 次元超伝導体での磁束のピン止めは，渦糸状態での磁束格子の不均一性をもたらし，磁場の上げ下げに対し非可逆的磁化の要因となる．しかし，短いコヒーレンス長を有する準 2 次元超伝導体の磁化は，$B_{c_1} < B_{\text{irr}} < B < B_{c_2}$ で可逆的となる．ここに B_{irr} は温度に依存する非可逆磁場である．図 4.14 は，κ-$(ET)_2Cu(NCS)_2$ と κ-$(ET)_2Cu[N(CN)_2]Br$ の等温磁化過程で得られた勾配 $dM/d(\ln B)$ ((4.38) 式) から評価された $\lambda_\parallel(T)$ の温度依存性である．低温ではぼ指数関数的に飽和する傾向を示し，実線の BCS 理論と矛盾はない．

e. 比　熱

上に述べた種々の問題点は，磁場侵入長という物理量が構造の乱れ，磁束ピン止め，試料表面等々の外因的な要因にきわめて敏感であることを示唆している．そのような要因に影響を受けずギャップ構造を決定できる，単純で明快な物理量が比熱である．T_c より充分低い温度で電子比熱 C_{es} が指数関数的に弱く温度変化すれば，ギャップゼロの可能性が完全に排除でき，いっぽう非指数関数的な振る舞いが観測されても，不純物相，正常金属領域，対破壊効果などに起因する

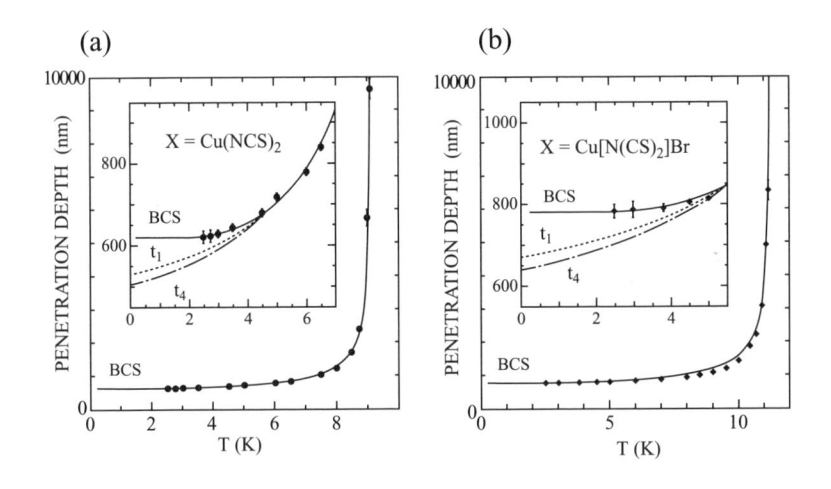

図 4.14 面内の磁気侵入長の温度変化：(a)κ-(ET)$_2$Cu(NCS)$_2$, (b) κ-(ET)$_2$Cu[N(CN)$_2$]Br. 実線は BCS 理論曲線，t_1，t_4 曲線は共にモデル計算で文献[96, 97] 参照．文献[83, 84]

可能性があり，ギャップゼロの直接的な証拠とはならない．κ-(ET)$_2$Cu(NCS)$_2$ 塩では，T_c での跳び $\Delta C/\gamma T_c > 2$ (BCS では 1.43) から強結合的であることが示唆されていた．その後，κ-(ET)$_2$Cu[N(CN)$_2$]Br の電子比熱 C_{es} の低温での温度依存性が T^2 となることが報告され，ノードギャップの可能性が指摘された[100]．しかし，より高精度の実験から指数関数的な弱い温度依存性を示す結果が別のグループで得られ[99]，T^2 依存性が格子比熱の寄与に関する誤った推定に起因しているとの批判がなされた[*1]．

図 4.15 に示した比熱の結果[99] は，上部臨界磁場より強い磁場で超伝導を壊して常伝導状態に戻したときの比熱から格子の寄与が評価されている．この手法は，常伝導状態での比熱に磁場効果がない場合正確な格子比熱を与え，実際これまでの超伝導研究での常套的手法である．有機超伝導でも T_c 以上で有意

[*1] 文献[100] での格子比熱は，重水素置換された別の結晶を急冷して超伝導を抑制した試料の比熱から評価された．格子比熱はこの急冷処理で変化しないこと，さらに重水素置換しない水素体と同じであることを仮定して電子比熱の寄与が解析されている．これに対し，文献[99] では，その急冷処理で得られる格子比熱の大きさが上部臨界磁場より大きな磁場下での比熱から評価した格子比熱と大きく違うことが実証されている (図 4.16 の点線を参照)．

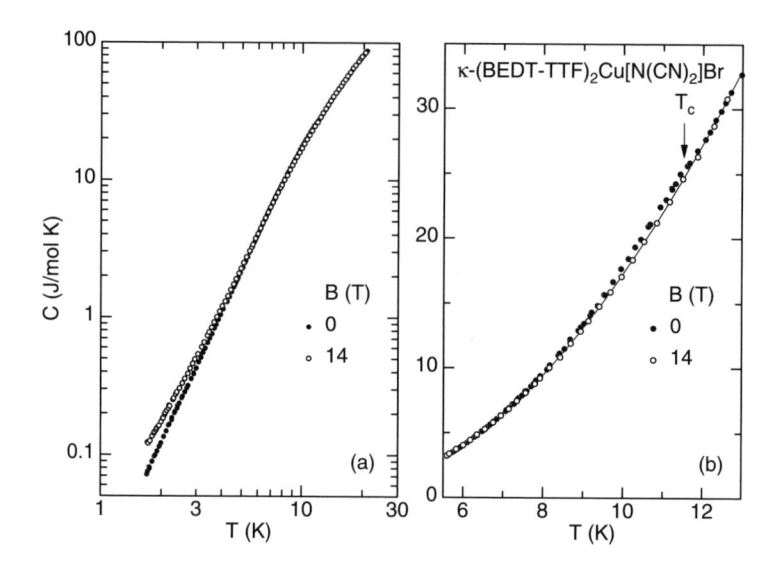

図 4.15 κ-$(ET)_2Cu[N(CN)_2]Br$ 塩の超伝導状態 ($B = 0$) と常伝導状態 ($B = 14\,T$) での比熱の温度依存性. 左図：全温度域 (左図) と $T_c = 11.5\,K$ 近傍 (右図). 文献[99]．

な磁場変化は認められない．図 4.16 は，規格化された電子比熱 $C_{es}/\gamma T_c$ が規格化された温度の逆数 T_c/T でプロットされている．C_{es} が温度の降下と共に指数関数的に減少することから，フェルミ面全域でギャップが開いていると結論されている[99]．

同様の振る舞いが，他の $(ET)_2X$ 系超伝導体や κ-$(ET)_2Cu(NCS)_2$ でも得られている[76,101]．図 4.17 (a) は超伝導状態と常伝導状態での比熱の差 $\Delta C(T) = C(T, B = 0) - C(T, B = 8\,T > B_{c_2})$ の温度変化を示す．$C(T)$ ではなく $\Delta C(T)$ を解析に用いる有利な点は，格子比熱の寄与が自動的にキャンセルされることにある．図にあるように，$\Delta C(T)$ は，T_c での跳びだけでなく全体の温度変化にも弱結合 BCS 理論からの大きなズレが生じるが，強結合近似へと拡張するための経験的なモデル (α-モデルという) を使うとよい一致が得られる．このモデルは最初は In，Sn，Zn 金属や Pb/In 合金に適用された[103]．超伝導基底状態からの電子励起が相互作用していない準粒子によって記述されることを仮定すると，超伝導状態でのエントロピーは次式で与えられる．

4.6 超伝導秩序の対称性

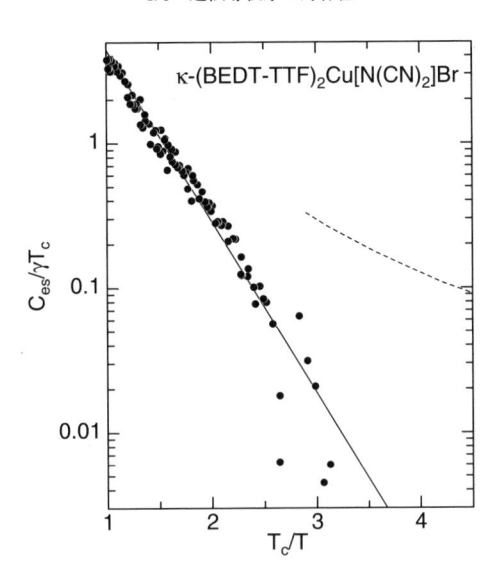

図 4.16 図 4.15 のデータから得られた $C_{\rm es}/(\gamma T_{\rm c})$ 対 $T_{\rm c}/T$ の片対数プロット. 実線は $C_{\rm es}$ の指数関数的変化を表す. 点線は文献[100]のデータで，これに対する批判的コメントは文献[99]にある. 文献[99].

$$S_{\rm es} = -2k_{\rm B}\sum[f_{\vec{k}}\ln f_{\vec{k}} + (1-f_{\vec{k}})\ln(1-f_{\vec{k}})]. \quad (4.40)$$

ここに，$f_{\vec{k}} \equiv [\exp(\beta E_{\vec{k}}) + 1]^{-1}$ ($\beta \equiv (k_{\rm B}T)^{-1}$)，$E_{\vec{k}}^2 = (\epsilon_{\vec{k}}^2 + \Delta^2)$ ($\epsilon_{\vec{k}}$ は 1 粒子エネルギー，$\Delta(T)$ はエネルギーギャップの温度依存性) は準粒子の BCS 励起スペクトルである. このモデルは $\alpha \equiv \Delta(0)/k_{\rm B}T_{\rm c}$ という単一のパラメータを含み，$\Delta(T) = (\alpha/\alpha_{\rm BCS})\cdot\Delta_{\rm BCS}(T)$ ($\alpha_{\rm BCS} = 1.764$) のように BCS のギャップをスケールする. 図 4.17 に示されているように試料依存性が少しあるが，$\alpha = 2.4 \sim 2.8$ を用いるとデータを再現する. 同様の実験が $T_{\rm c}$ が 1.1 K から 11.5 K までの種々の $({\rm ET})_2$X 系超伝導体について行われ，$T_{\rm c}$ が大きくなると比熱の跳び $\Delta C/\gamma T_{\rm c} \propto \alpha$ も単調に増加する. このことは $T_{\rm c}$ の増加とともに，より強結合へと移ることを示唆している[76,104]. 電子フォノン相互作用定数 $\lambda_{\rm ep}$ は，$\Delta C/\gamma T_{\rm c}$ と $T_{\rm c}/\bar{\omega}$ ($\bar{\omega}$ はフォノンの平均エネルギー) との関係式を導くエリアッシュベルグ (Eliashberg) 理論により評価される[105]. いっぽう，$T_{\rm c}/\bar{\omega}$ はマ

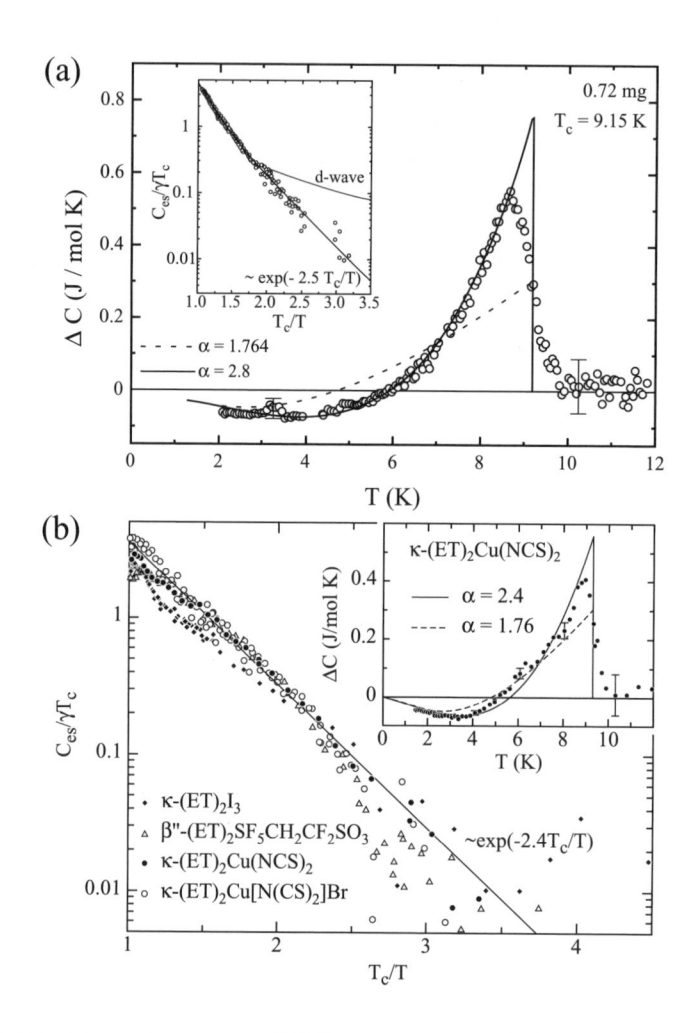

図 4.17 (a) κ-$(ET)_2Cu(NCS)_2$ 単結晶 (0.72 mg) の ΔC. 点線, 実線は BCS 理論での弱結合, 強結合近似の結果である. 挿入図は, 片対数表示による $C_{es}/\gamma T_c$ の T_c/T 依存性. ここに, 実線は強結合 BCS 理論曲線で, 上側の実線は d 波超伝導での T^2 依存性[102] を示す. 文献[37, 101]. (b) $(ET)_2X$ 系伝導体での $C_{es}/\gamma T_c$ の T_c/T 依存性. 実線は低温の向かって指数関数的に消滅する C_{es} を表す. 挿入図は, 大きな単結晶 (3.07 mg) での ΔC を示す[76].

クミランの式 (4.20) を通して $\lambda_{\rm ep}$ と関係付けられる[29,106]*1).

4.6.4 (TMTSF)$_2$X 塩のクーパー対状態

これまで述べた ET 系に比べて，(TMTSF)$_2$X 系のクーパー対の対称性に関する研究は多くはない*2)．研究の初期にスピン 3 重項の可能性が議論されたことがあったが，その背景には，超伝導とスピン密度波が圧力・温度相図 (図 3.21 参照) で互いに近接していること，相互作用している 1 次元電子気体の理論から導かれる相図からの類推，また非磁性不純物による $T_{\rm c}$ の抑制の解釈などがあった．

常圧超伝導体である (TMTSF)$_2$ClO$_4$ 塩では，24 K 近傍のアニオン整列の転移温度あたりを徐冷することにより超伝導 $T_{\rm c} = (1.2 \pm 0.2)$ K が，いっぽう急冷することにより $T_{\rm MI} \simeq 6.1$ K で金属・絶縁体転移が生じる．この塩は比熱やマイスナー効果が測定されている唯一の系である．常伝導状態の比熱は $C/T = \gamma + \beta T^2$ に従い，電子比熱係数 $\gamma = 10.5$ mJ mol^{-1}K^{-2}, $T_{\rm c}$ での跳びは $\Delta C/\gamma T_{\rm c} = 1.67$，これは BCS 理論値の 1.43 より少し大きいが，弱結合 BCS 超伝導として特に矛盾はない[107]．

いっぽう，^{1}H-NMR 測定により BCS 理論からのズレが観測されている[108]．$T_{\rm c}$ 直下でのヘーベル-スリヒタービークの欠如，およびスピン・格子緩和率の T^3 依存性からフェルミ面の線上でギャップが消失した d 波超伝導が提案された．ただし，この推論は，低温での熱輸送への電子寄与が急激に減少するという熱伝導の結果[109]とは相容れない．また，準 1 次元系での許されるギャップ関数の理論的考察からスピン 3 重項状態も可能であり，その発現メカニズムとして反強磁性スピンゆらぎを介した対形成が議論された[96]．図 4.18 は，(TMTSF)$_2$PF$_6$ の加圧下超伝導状態および (TMTSF)$_2$ClO$_4$ 常圧下超伝導状態における磁場・温度相図である．$T_{\rm c}$ 近傍での $B_{\rm c_2}$ は以前のデータをほぼ再現し特に異常はないが，パウリの極限磁場 (式 (4.29)) の理論値が PF$_6$ 塩で ~ 2.2 T，ClO$_4$ 塩で ~ 2.6 T となるが，ある特定の方向ではこれより 2〜4 倍も高い．

---

*1) 式 (4.20) は $\lambda_{\rm ep} > 1.5$ を充たす強結合では成立しないので，ここでの $\lambda_{\rm ep}$ の評価はあくまで目安であり定量的評価にはならないことに注意する必要がある．

*2) $T_{\rm c}$ が 1 K 程度あるいはそれ以下であること，また PF$_6$ 塩などでは加圧が必要であることが様々な実験を困難にしている．

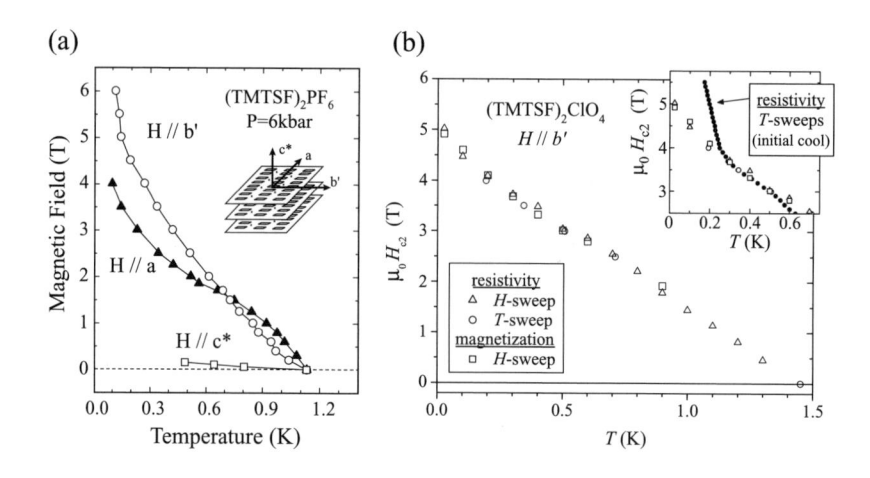

図 4.18 (a) 圧力 6 kbar および内挿図に定義されている方向に印加された磁場下の電気抵抗から決めた $(TMTSF)_2PF_6$ 塩の上部臨界磁場[47]．(b) 抵抗および磁化測定による $(TMTSF)_2ClO_4$ の b'-軸方向の上部臨界磁場．文献[48]．

この上部臨界磁場の低温での異常に関しては，強いスピン・軌道相互作用[110, 111]，磁場誘起の 3 次元から 2 次元への次元交差 (dimensional crossover)[112, 113]，空間的に不均一な FFLO 状態[51, 114, 115]，絶縁体に挟まれた超伝導スラブの形成などが指摘されている．

この問題に関連して，圧力 7 kbar 下での $(TMTSF)_2PF_6$ 塩の ^{77}Se-NMR のナイトシフト K_s $(B \parallel a)$ は，図 4.19 に示すように T_c 以下でもほとんど変化せず，スピン 3 重項の p-波超伝導の可能性が主張されている[116]．ただしこの測定では $1/T_1$ のピークが観測されており，上で述べた ^{1}H-NMR 測定での結果との関連は良く分かっていない．

4.7 対形成機構と相互作用

さて，クーパー対形成にあずかる相互作用の問題に移ろう．歴史的には 60 年代中期に提案されたリトルの励起子機構[118, 119]は，有機超伝導体の誕生に強い牽引力となったことは確かであろう．しかし，1 章にも述べたように現在に至るまでこのような機構を示唆する物質も現象も見つかっていない．

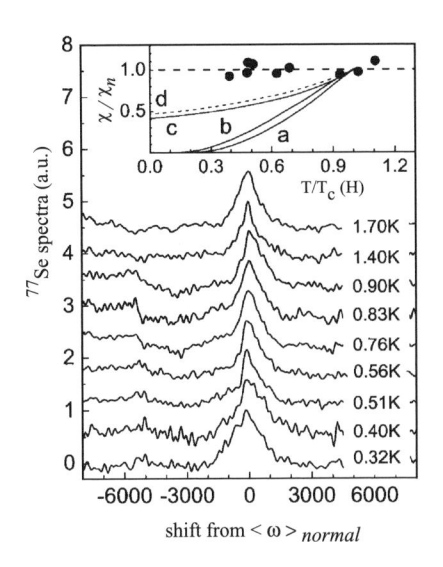

図 4.19 圧力下 7 kbar での (TMTSF)$_2$PF$_6$ 塩の ^{77}Se-NMR スペクトル[117]. (a-軸方向に 1.43 T の磁場が印加,対応する T_c は 0.81 K) 内挿図はスピン磁化率の温度依存性. 曲線 a, b は還元磁場 B/B_{c_2} がほぼゼロおよび 0.63, c, d は磁束芯が B/B_{c_2} に等しい割合の常伝導領域を誘起するモデルによる理論結果.

3章で述べたように,電子が分子内・分子間フォノンとかなり強く結合している事実に基づき,電子・フォノン相互作用が対形成に重要な仲立ちをしていると考える立場がある.これとは逆に,超伝導相が磁気的秩序と隣接していることから,銅酸化物や重い電子系と同じように磁気的相互作用を重視する立場がある.

4.7.1 フォノンの役割

低エネルギーの分子間音響フォノンに加えて,分子内高周波フォノンを介した引力機構[120~123]が提唱されている.準調和近似による κ-(ET)$_2$I$_3$ 塩や β-(ET)$_2$I$_3$ 塩の格子振動の計算により,格子比熱などフォノンのダイナミックスが議論されている.また,電子間のクーロン相関が短距離的なハバード型の場合,前方散乱過程が支配的な電子・フォノン散乱による対形成モデルも提案されている[124].このモデルは小さな波数の対ポテンシャルを導き,有効的 2 量体

モデルによるバンド計算を用いたギャップ方程式から，d 波と異方的 s 波状態がほぼ縮退していることを指摘している．

4.7.2 非 s 波対形成の関する相互作用モデル

ここに紹介する理論は 2 次元格子における電子相関を重視する立場である．超伝導が反強磁性モット絶縁体と隣接していることから，対形成の相互作用の起源をパイ電子の反強磁性スピンゆらぎに求める[125]．

サイト上のクーロン相互作用と 2 量体構造の効果がハートリー–フォック (Hartree-Fock) 近似で計算されている[126,127]．この計算によると，κ-(ET)$_2$X 系の反強磁性絶縁相はバンド幅を大きくしたとき金属・超伝導へ転移するモット絶縁体となる．モット–ハバードモデルでいう強い電子相関を有する 1/2 充填の場合に相当し，スピンゆらぎを介した $d_{x^2-y^2}$ 対称性の超伝導が期待される[126]．類似の可能性は，ET2 量体の反結合軌道を記述するために 2 バンド・ハバードモデルを用いて，短距離的スピンゆらぎを介した超伝導が議論されている[128]．

銅酸化物高温超伝導と類似したスピンゆらぎによる超伝導は，直角 2 等辺の 3 角格子に対するゆらぎ交換近似 (FLEX; fluctuation exchange approximation)[129]，量子モンテカルロ，超交換相互作用を取り入れたハバード–ハイゼンベルグモデル[150]，ガッツヴィラー変分法による 2 次元ハバードモデル[131]，弱い電子相関下でのスピンゆらぎとフェルミ面のネスティングの相関[132] など様々なモデルによる検討がなされている．

以上のモデルは κ-型を想定したものであるが，2 量体性の弱い 1/4 充填の θ や β'' 構造の超伝導に関する議論もなされている．これらの絶縁相がサイト間の強いクーロン相関による電荷整列秩序状態である場合，電荷ゆらぎを介した d_{xy} 対称性の超伝導の可能性が議論されている[70]．この機構はスピンゆらぎでの $d_{x^2-y^2}$ と対照的であり，乱雑位相近似でも調べられている[133]．

4.7.3 対形成機構に対する実験からのヒント

一般的に如何なる実験も超伝導対形成の機構・相互作用を特定することは難しい．このことは取りも直さず，超伝導現象の本質が多体相互作用に起因しており，その相互作用スペクトルを実験で検証することが簡単ではないからであ

る (4.6.1 項参照). これまで実験・理論ともに確立した唯一の相互作用は，電子フォノン相互作用である[57,58]．その研究の過程で重要な指針を与えた実験がある．対形成に格子の自由度が関与している証拠として，同位体効果とフォノンの再規格化現象を紹介する．

a. 同位体効果とフォノンの再規格化現象

同位体置換による超伝導転移温度への効果を調べることは，フォノンの対形成への関わりを明らかにする上で有用である．このいわゆる同位体効果による T_c の変化は，例えば物質が 1 種類の原子 (同位体質量 M) から成り立っているとき，

$$T_c \propto M^{-\alpha} \tag{4.41}$$

と表現でき，第 1 近似として $\alpha = 1/2$ である[134]．

(ET)$_2$X 超伝導体では，ET ドナーの末端エチレン基の ^{1}H を ^{2}D で，TTF 骨格での ^{12}C を ^{13}C，^{32}S を ^{34}S で部分置換して調べられた．電子・分子振動結合に関する初期の実験では，中央 2 重結合の炭素の ^{13}C 置換が行われている．オルセーのグループは，β-(ET)$_2$I$_3$ 塩で T_c の大きな減少を報告した．しかし，アルゴンヌ国立研究所のグループはこの結果を再現できず，さらに詳しい研究を κ-(ET)$_2$Cu(NCS)$_2$ について行っている[135,136]．相当数の試料を系統的に調製した結果，8 個すべての ^{34}S 置換および外側の 6 員環の炭素の ^{13}C 置換 (5%の分子質量の増加に対応) により，$\Delta T_c = -(0.12 \pm 0.08)$ K となる (図 4.20)．この値は，自然のアバンダンスおよび ^{13}C(4)^{34}S(8) ラベルの系 19 個の試料により得られている．ET 分子を構成するすべての原子の総計質量を M と仮定すると，式 (4.41) より $\alpha = 0.26 \pm 0.11$ となる．この実験結果は，分子間音響フォノンモードが対形成にかかわっていることの証拠と考えられる．さらに同グループによれば，中央 2 重結合炭素の部分的置換や中央およびリング内炭素置換，あるいは 8 個の硫黄に対する同位体置換では，このような T_c の変化はない．以上から，分子内 C=C，C–S 結合のストレチングモードは対形成に重要な寄与をしていないと結論されている．

いっぽう，κ-(ET)$_2$Cu(NCS)$_2$ 塩での末端エチレン基の重水素置換では T_c が上昇し，これは逆同位体効果ともよばれることがある[137]．これに関連して熱膨張や X 線回折の結果は，重水素置換により C–D 結合距離が短くなり，有効的

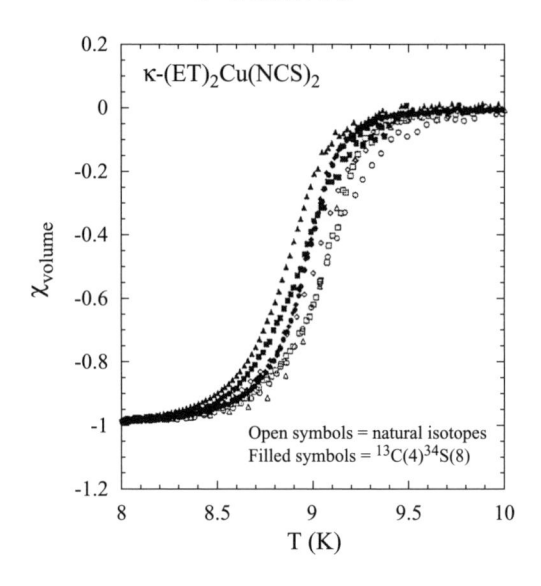

図 4.20 $\kappa\text{-}(ET)_2Cu(NCS)_2$ 塩の磁化率による超伝導転移. 文献[136].

な化学的圧力が主として面間方向で増加することを示唆している[34,138]. この指摘は,$\partial T_c/\partial p_\perp$ が負である事実と矛盾しない (4.3.2 項参照). こういった幾何学的同位体効果 (geometrical isotope effect) は,他の $(ET)_2X$ 系でも観測されている[139,140]*1).

ところで,$\kappa\text{-}(ET)_2Cu(NCS)_2$ や $\kappa\text{-}(ET)_2Cu[N(CN)_2]Br$ 塩での熱伝導の実験もフォノンの重要性を指摘している[67,75,76]. T_c 以下での熱伝導の増加は電子の対凝縮に起因するが,これは熱伝導が T_c 前後でほとんど変化しない $(TMTSF)_2ClO_4$ 塩[109] とは対照的である.

最後に,中性子非弾性散乱による分子間フォノンの T_c での再規格化現象[142] について述べよう. 電子とフォノンが相互作用する系では,T_c 以下での電子状態の変化は関与するフォノンの振動数と線幅に変化をもたらす. この多体効果によるフォノンの自己エネルギーへの影響を再規格化 (繰り込み) というが,歴史的には Nb_3Sn や Nb などの超伝導体での中性子非弾性散乱の実験で発見さ

---

*1) これとは別に,重水素置換した $\kappa\text{-}(ET)_2Cu(NCS)_2$ 塩での圧力下でフェルミ面の微妙なトポロジーの変化が重要であるとの指摘もなされている[141].

れた[143,144]．この現象はある特定のフォノンモードと電子との相互作用に関する直接的な知見を与え，これらの超伝導体がフォノン介在の対形成によることの実験的証拠である．

有機伝導体での中性子非弾性散乱の実験はこれまで2通り行われた．ひとつがプロトンの有する強い非コヒーレント散乱能を利用することによって水素を含む分子振動状態を調べる実験である．重水置換していない κ-$(H_8$-$ET)_2Cu(NCS)_2$ に対して行われ[145]，T_c の前後での解析からこれらのモードと超伝導電子との結合の問題が論じられている．いっぽう，3軸分光によるフォノンモードの分散が重水素置換された単結晶について測定された[142]．図 4.21 に示すように，横波音響フォノンの周波数が T_c 以下で増加し，超伝導転移に伴うフォノンの硬化現象がみられる．この現象は，波数ベクトル $\vec{q} = (-0.225, 0, 0.45)$，エネルギー 2.4 meV あたりで顕著である．また，再規格化現象はギャップ 2Δ に近いエネルギーをもったフォノンモードに期待される[146]．そうすると，$2\Delta \simeq 2.4$ meV，つまり $2\Delta/k_BT_c \simeq 3.1$ となって，BCS 値 3.52 に近い．この結果は，音響フォノンが超伝導を担う電子と強く相互作用し，対形成にも重要な寄与をしていることを示している．超伝導ギャップ形成にともなうフォノンモードの硬化現象

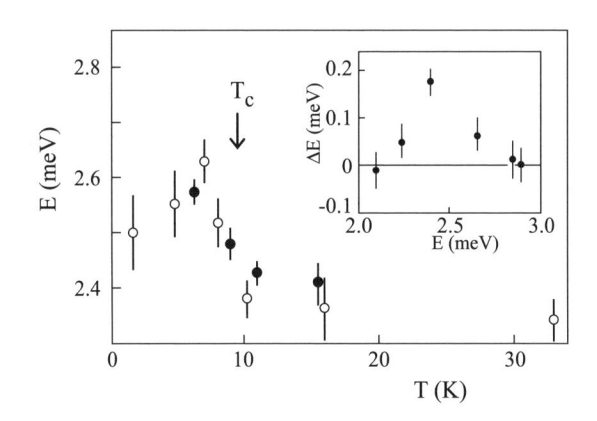

図 4.21 中性子非弾性散乱によ横波音響フォノン（波数 $\vec{q} = (-0.225, 0, 0.45)$）のエネルギーの温度依存性．測定は単結晶 κ-$(ET)_2Cu(NCS)_2$ の重水素置換試料（○，●は異なる試料での別の測定）で行われている．挿入図：周波数シフト $\Delta E = E(T < T_c) - E(T > T_c)$ のフォノンエネルギー依存性 $([-\zeta, 0, 2\zeta])$．文献[142]．

は κ-(ET)$_2$Cu[N(CN)$_2$]Br のラーマン散乱でも観測されている[147].

4.7.4 ユニバーサルな関係式

超伝導の発現機構を議論する上で，系全体に共通したユニバーサルな関係を探索する経験的な方法がある．ここでは T_c と超流動スティフネス $\rho_s = c^2/\lambda_L^2$ の間の線形的なスケーリング則について述べよう．これはもともと高温超伝導銅酸化物について提案された考え方である[148]．ここで ρ_s はキャリアドーピングによって制御されるキャリア密度に直接比例する．この線形な関係を，T_c より高温で出現するクーパー対の「芽」あるいは「超伝導位相ゆらぎ」のボーズ–アインシュタイン凝縮 (Bose-Einstein condensation) と考える．これに対して，有機超伝導では T_c は $\rho_s^{3/2}$ でスケールされることが示された[149]．この関係は広範囲の TMTSF, ET 有機超伝導体や 3 次元のフラーレン超伝導でも成立するとされる．そこでは ρ_s は電気伝導度が高くなると減少するが，この傾向は酸化物とは対照的である．この有機超伝導の特異性については，クーロン相関 U とバンド幅 W の比という単一のパラメータにもとづく議論がなされている．それによると，温度・圧力相図 (図 3.22) の説明と同様，静水圧により比 U/W が減少し，その結果 T_c も減少し電気伝導度は高くなる．しかし，モット絶縁体から超伝導への転移に関する理論的モデル[150]によれば，絶縁体に隣接する高い T_c は ρ_s の抑制をともなうことが期待されている．

文　　献

1) N. Toyota, M. Lang, J. Müller, *Low-Dimensional Molecular Metals* (Springer Series in Solid-State Sciences, vol.154) (Springer-Verlag, Berlin Heidelberg, 2007).
2) H. Mori, J. Phys. Soc. Jpn. **75**, 051003 (2006).
3) D. Jérome et al., J. Physique Lett. **41**, L95 (1980).
4) K. Bechgaard, Mol. Cryst. Liq. Cryst. **79**, 1 (1982).
5) E.B. Yagubskii et al., Sov. Phys. JETP Lett. **39**, 12 (1984).
6) V.N. Laukhin et al., Sov. Phys. JETP Lett. **41**, 81 (1985).
7) K. Murata et al., J. Phys. Soc. Jpn. **54**, 2084 (1985).
8) R. Kato et al., Chem. Lett. **1986**, 507 (1986).
9) J.M. Williams et al., Inorg. Chem. **23**, 3839 (1984).
10) H.H.Wang et al., Physica C **166**, 57 (1990).
11) H. Urayama et al., Chem. Lett. **1988**, 55 (1988).

文　　献　　　　　　　　　　　　　　91

12) A.M. Kini et al., Inorg. Chem. **29**, 2555 (1990).
13) J.M. Williams et al., Inorg. Chem. **29**, 3272 (1990).
14) T. Komatsu et al., Solid State Commun. **80**, 843 (1991).
15) U. Geiser et al., Physica C **174**, 475 (1991).
16) U. Geiser et al., J. Am. Chem. Soc. **118**, 9996 (1996).
17) H. Taniguchi et al., J. Phys. Soc. Jpn. **72**, 468 (2003).
18) H. Kobayashi et al., Chem. Lett. **1993**, 1559 (1993).
19) S. Kahlich et al., Solid State Commun. **80**, 191 (1991).
20) K. Kikuchi et al., Chem. Lett. **1987**, 931 (1987).
21) ランダウ–リフシッツ,「統計物理学」小林秋男他訳, 第14章 (岩波書店, 1980年).
22) A.A. Abrikosov, L.P. Gorkov, I.E. Dzyaloshinski, *Methods of Quantum Field Theory in Statistical Physics* (Dover, New York, 1963).
23) J.R. Schrieffer, *Theory of Superconductivity* (Benjamin/Cummings, 1964).
24) M. Tinkham, *Introduction to Superconductivity*, 2nd edn. (McGraw-Hill, New York, 1996).
25) A.L. Fetter, J.D. Walecka, *Quantum Many-Particle Theory* (McGraw Hill, New York, 1971).
26) J.F. Annett, *Superconductivity, Superfluids and Condensates in Condensed Matter Physics* Oxford Master Series (Oxford University Press, Oxford, 2004).
27) 恒藤敏彦,「超伝導・超流動」(現代物理学叢書, 岩波書店, 2001年)
28) K.H. Bennemann, J.B. Ketterson (ed.), *Physics of Conventional and Unconventional Superconductors*, vol.I and II (Springer, Berlin, 2002).
29) W.L. McMillan, Phys. Rev. **167**, 331 (1968).
30) W.K. Kwok et al., Phys. Rev. B **42**, 8686 (1990).
31) V.G. Kogan, Phys. Rev. B **24**, 1572 (1981).
32) W.E. Lawrence, S. Doniach, in Proceedings to the Twelfth International Conference on Low-Temperature Physics, Kyoto 1970, ed. by E. Kanada (Keigaku, Tokyo, 1971), p. 361.
33) K. Murata et al., J. Phys. Soc. Jpn. **75**, 051011 (2006).
34) J. Müller et al., Phys. Rev. B **61**, 11739 (2000).
35) S. Kagoshima, R. Kondo, Chem. Rev. **104**, 5593 (2004).
36) J. Müller et al., Phys. Rev. B **65**, 144521 (2002).
37) J. Müller, *Thermodynamische Untersuchungen an Quasi-Zweidimensionalen Organischen Supraleitern*. Doctor thesis, TU Dresden, Shaker Verlag, Aachen (2002).
38) P.W. Anderson, J. Phys. Chem. Solids **11**, 26 (1959).
39) M.B. Maple, Appl. Phys. **9**, 179 (1976).
40) A.A. Abrikosov, L.P. Gor'kov, Zh. Eksp. Teor. Fiz. **39**, 1782 (1960).
41) A.I. Larkin, Sov. Phys. JETP Lett **2**, 130 (1965).
42) X. Su, F. Zuo et al., Phys. Rev. B **58**, R14056 (1998).
43) B.J. Powell, R.H. McKenzie, Phys. Rev. B **69**, 024519 (2004).
44) K. Murata et al., Japan. J. Appl. Phys. **26** (Suppl. 26-3), 1367 (1987).

45) M. Lang et al., Phys. Rev. B **49**, 15227 (1994).
46) Y. Shimojo et al., Physica B **294-295**, 427 (2001).
47) I.J. Lee et al., Phys. Rev. Lett. **78**, 3555 (1997).
48) J.I. Oh, M.J. Naughton, Phys. Rev. Lett. **92**, 067001 (2004).
49) T.P. Orlando et al., Phys. Rev. B **19**, 4545 (1979).
50) R. Lortz et al., Phys. Rev. Lett. **99**, 187002 (2007).
51) Y. Matsuda, H. Shimahara, J. Phys. Soc. Jpn **76**, 051005 (2007).
52) V. Jaccarino, M. Peter, Phys. Rev. Lett. **9**, 290 (1962).
53) S. Uji, J.S. Brooks, J. Phys. Soc. Jpn. 75, 051014 (2006).
54) T. Konoike et al., Phys. Rev. B **70**, 094514 (2004).
55) L.D. Landau, E.M. Lifshitz, *Statistical Physics* (Pergamon Press, Elmsford, 1969).
56) P.W. Anderson, *Basic Notions of Condensed Matter Physics* (Benjamin-Cummings, San Francisco, 1984).
57) W.L. McMillan, J.M. Rowell, in *Superconductivity*, ed. R.D. Parks (Dekker, New York, 1969) vol. 1, p. 561
58) F. Marsiglio, J.P. Carbotte, in *Physics of Conventional and Unconventional Superconductors*, ed. K.H. Bennemann and J.B. Ketterson (Springer, Berlin, 2002) Vol.1, p. 233
59) T. Mori et al., Phys. Rev. B **77**, 174515 (2008).
60) G.E. Volovik, L.P. Gor'kov, JETP **61**, 843 (1985).
61) J.F. Annett, Adv. Phys. **39**, 83 (1991).
62) M. Sigrist, K. Ueda, Rev. Mod. Phys. **63**, 239 (1991).
63) T. Arai et al., Phys. Rev. B **63**, 104518 (2001).
64) J.M. Schrama, J. Singleton, Phys. Rev. Lett. **86**, 3453 (2001).
65) T. Shibauchi et al., Phys. Rev. Lett. **86**, 3452 (2001).
66) S. Hill et al., Phys. Rev. Lett. **86**, 3451 (2001).
67) K. Izawa et al., Phys. Rev. Lett. **88**, 027002 (2002).
68) H. Won, K. Maki, Physica B **312- 313**, 44 (2002).
69) D.J. Scalapino, J. E. Loh, J.E. Hirsch, Phys. Rev. B **35**, 6694 (1987).
70) J. Marino, R.H. McKenzie, Phys. Rev. Lett. **87**, 237002 (2001).
71) H. Mayaffre et5 al., Phys. Rev. Lett. **75**, 4122 (1995).
72) A.J. Leggett, Rev. Mod. Phys. **47**, 331 (1975).
73) S.M. De Soto et al., Phys. Rev. B **52**, 10364 (1995).
74) K. Kanoda et al., Phys. Rev. B **54**, 76 (1996).
75) S. Belin et al., Phys. Rev. Lett. **81**, 4728 (1998).
76) J. Wosnitza et al., Synth. Met. **133 - 134**, 201 (2003).
77) K. Kanoda et al., Phys. Rev. Lett. **65**, 1271 (1990).
78) P.A. Mansky, P.M. Chaikin, R.C. Haddon, Phys. Rev. B **50**, 15929 (1994).
79) M. Pinteric et al., Phys. Rev. B **61**, 7033 (2000).
80) M. Pinteric et al., Phys. Rev. B **66**, 174521 (2002).
81) D.R. Harshman at al., Phys. Rev. B **49**, 12990 (1994).
82) S.L. Lee et al., Phys. Rev. Lett. **79**,1563 (1997).

83) M. Lang et al, N. Toyota, T. Sasaki, H. Sato, Phys. Rev. Lett. **69**, 1443 (1992).
84) M. Lang, N. Toyota, T. Sasaki, H. Sato, Phys. Rev. B **46**, R5822 (1992).
85) A. Aburto, L. Fruchter, C. Pasquier, Physica C **303**, 185 (1998).
86) N. Yoneyama et al., J. Phys. Soc. Jpn. **73**, 1290 (2004).
87) K. Holczer et al., Solid State Commun. **76**, 499 (1990).
88) O. Klein et al., Phys. Rev. Lett. **66**, 655 (1991).
89) M. Dressel et al., J. Phys. Chem. Solids **54**, 1411 (1993).
90) D. Achkir et al., Phys. Rev. B **47**, 11595 (1993).
91) M. Dressel et al., Phys. Rev. B **50**, 13603 (1994).
92) A. Carrington et al., Phys. Rev. Lett. **83**, 4172 (1999).
93) L.Y. Vinnikov et al., Phys. Rev. B **61**, 14358 (2000).
94) F.L. Barkov et al., Physica C **385**, 568 (2003).
95) A.F. Hebard et al., Phys. Rev. B **44**, 9753 (1991).
96) Y. Hasegawa, H. Fukuyama, J. Phys. Soc. Jpn. **56**, 2619 (1987).
97) L.P. Le et al., Phys. Rev. Lett. **68**, 1923 (1992).
98) Z. Hao, J.R. Clem, Phys. Rev. Lett. **67**, 2371 (1991).
99) H. Elsinger et al., Phys. Rev. Lett. **84**, 6098 (2000).
100) Y. Nakazawa, K. Kanoda, Phys. Rev. B **55**, R8670 (1997).
101) J. Müller et al., Phys. Rev. B **65**, R140509 (2002).
102) N. Momono, M. Ido, Physica C **264**, 311 (1996).
103) H. Padamsee, J.E. Neighbor, C.A. Shiffman, J. Low Temp. Phys. **12**, 387 (1973).
104) J. Wosnitza, Curr. Opin. Solid State Mater. Sci. **5**, 131 (2001).
105) F. Marsiglio, J.P. Carbotte, Phys. Rev. B **33**, 6141 (1986).
106) P.B. Allen, R.C. Dynes, Phys. Rev. B **12**, 905 (1975).
107) P. Garoche et al., J. Physique Lett. **43**, L147 (1982).
108) M. Takigawa, H. Yasuoka, G. Saito, J. Phys. Soc. Jpn. **56**, 873 (1987).
109) S. Belin, K. Behnia, Phys. Rev. Lett. **79**, 2125 (1997).
110) R.A. Klemm, A. Luther, M.R. Beasley, Phys. Rev. B **12**, 877 (1975).
111) X. Huang, K. Maki, Phys. Rev. B **39**, 6459 (1989).
112) A.G. Lebed, JETP Lett. **44**, 114 (1986).
113) N. Dupuis, G. Montambaux, C.A.R.S. de Melo, Phys. Rev. Lett. **70**, 2613 (1993).
114) P. Fulde, R.A. Ferrell, Phys. Rev. **135**, A550 (1964).
115) A.I. Larkin, Y.N. Ovchinnikov, Sov. Phys. JETP **20**, 762 (1965).
116) I.J. Lee, S.E. Brown, M.J. Naughton, J. Phys. Soc. Jpn. **75**, 051011(2006).
117) I.J. Lee et al., Phys. Rev. Lett. **88**, 017004 (2002).
118) W.A. Little, Phys. Rev. **134**, A1416 (1964).
119) W. Little, In *Organic Conductors - Fundamentals and Applications* (J.-P. Farges, Ed., M. Dekker, New York, 1994), pp. 1 - 24
120) K. Yamaji, Solid State Commun. **61**, 413 (1987).
121) A. Girlando et al., Phys. Rev. B **66**, R100507 (2002).
122) A. Girlando et al., Phys. Rev. B **62**, 14476 (2000).
123) A. Girlando et al., Synth. Met. **109**, 13 (2000).

124) G. Varelogiannis, Phys. Rev. Lett. **88**, 117005 (2002).
125) A.G. Lebed ed., *The Physics of Organic Superconductors and Conductors* (Springer Series in Materials Science) (Springer Verlag, Berlin Heidelberg 2008).
126) H. Kino, H. Fukuyama, J. Phys. Soc. Jpn. **65**, 2158 (1996).
127) E. Demiralp, W.A. Goddard, Phys. Rev. B **56**, 11907 (1997).
128) J. Schmalian, Phys. Rev. Lett. **81**, 4232 (1998).
129) H. Kondo, T. Moriya, J. Phys. Soc. Jpn. **68**, 3170 (1999).
130) B.J. Powell, R.H. McKenzie, Phys. Rev. Lett **94**, 047004 (2005).
131) J.Y. Gan et al., Phys. Rev. Lett **94**, 067005 (2005).
132) R. Louati., Phys. Rev. B **62**, 5957 (2000).
133) A. Kobayashi at al., J. Phys. Soc. Jpn. **73**, 1115 (2003).
134) H. Fröhlich, Phys. Rev. **79**, 845 (1950).
135) A. M.Kini et al., Physica C **264**, 81 (1996).
136) A.M. Kini et al., Synth. Met. **85**, 1617 (1997).
137) T. Ishiguro, K. Yamaji, G. Saito, *Organic Superconductors*, 2nd edn. (Springer, Berlin, Heidelberg, New York, 1998).
138) Y.Watanabe et al., Synth. Met. **86**, 1917 (1997).
139) A.M. Kini et al., Synth. Met. **120**, 713 (2001).
140) J.A. Schlueter et al., Physica C **351**, 261 (2001).
141) T. Biggs et al., J. Phys.:Condens. Matter **14**, L495 (2002).
142) L. Pintschovius et al., Europhys. Lett. **37**, 627 (1997).
143) J.D. Axe, G. Shirane, Phys. Rev. B **8**, 1965 (1973).
144) S.M. Shapiro, G. Shirane, Phys. Rev. B **12**, 4899 (1975).
145) N. Toyota et al., Synth. Met. **86**, 2009 (1997).
146) R. Zeyher, G. Zwicknagl, Z. Phys. B **78**, 175 (1990).
147) D. Pedron et al., Physica C **276**, 1 (1997).
148) Y.J. Uemura et al., Phys. Rev. Lett. **62**, 2317 (1989).
149) F.L. Pratt, S.J. Blundell, Phys. Rev. Lett. **94**, 097006 (2005).
150) B.J. Powell, R.H. McKenzie, Phys. Rev. Lett **94**, 047004 (2005).

5 ナノ結晶・クラスタ・微粒子

　通常の結晶の電気伝導 (常伝導および超伝導)・熱伝導・磁性は，ブロッホ周期性を基礎とした固体の電子論で比較的良く記述される．物質を対象とした物性研究において，物質のナノ領域の構造に着目して，発現する物質の物性を詳細に研究しようという動向は，1980年代に活発化してきている．新しいナノ領域の新物質を人工的に生み出すことにより発現する新規な現象を探索し続ける努力が払われてきた．ナノクラスタおよびナノサイズを有する微粒子などの物質は，微小サイズの領域に位置づけられる物質として，今大いに注目され始めている．

　規則正しい結晶構造が繰り返し続いている，無限の広い空間を有する金属内に存在している電子は，電子のエネルギー準位が作る連続的なバンドを形成する．いっぽう，物質のサイズが小さくなり電子のドブロイ波長程度の大きさになると，電子のエネルギー準位は離散的になり，その間隔が温度エネルギーの大きさ k_BT 程度にまでなると，準位の離散性の影響を受けて物性に変化が生じる．このような物質のサイズ変化にともなうエネルギー準位の**離散化**を原因として発現する特異物性の発現を，一般に**久保効果**[1]と称する．このような背景のもとに，1970年代後半からナノ微粒子を中心として活発な研究がなされるようになった[2]．

　1990年に入るとIV族ナノ多面体クラスタにおいて炭素系物質を中心として急激な発展があり[2〜5]，この報告を契機として自己組織制御を基本概念とする凝縮系ナノ物性学は著しく発展した．

5.1 ナノ物質の構造と物性：総論

5.1.1 ナノ物質の構造

ナノ物質を表現する場合に用いられる微粒子，クラスタ，ナノ結晶という用語の使い分けは必ずしも明確に定義されているわけではない．本節では，これらの用語をまず定義する．

クラスタという言葉の語源は房や小規模の集合である[*1)]．物質の特殊な構造状態をクラスタ状態，またそのような特徴を有する物質をクラスタ物質と総称する．一般にはこのような状態は，ナノメートル (nm) 領域で生じることが知

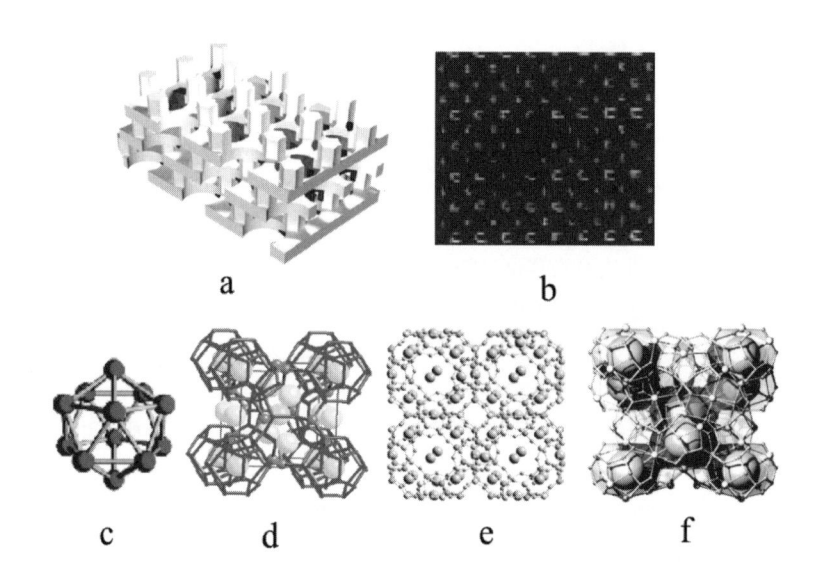

図 5.1 種々のナノ物質：(a) ホトニック結晶，(b) 電子線微細加工技術で作製した種々の幾何相互作用を組み込んだ 2 次元アレイ，(c) ボロン階層構造クラスタ，(d) クラスレート物質，(e) ゼオライト物質，(f) エレクトライド物質．

[*1)] 天文分野においては宇宙塵などの特殊な集合状態を表すことがあり，情報科学分野においては，何台かの小規模のパーソナルコンピュータを並列結合させた中規模の計算機システムを表現する．物性分野においては，数個から数 10 個の原子が集合して，通常の結晶構造とは異なる構造の物質を形成した状態に対する表現として用いられる．

られている.

　これに対して，微粒子という言葉の定義は少々曖昧である．物質は大きく分類する場合，結晶と不定形物質とに分類される．非常に小さな微結晶が数多く集まったものが多結晶とよばれる．しかし，微結晶よりさらに小さなサイズに着目して物質を眺めた場合に，単結晶とは異なる構造が存在する場合がある．そのような領域の物質を微粒子とよぶ．しかし，その定義は，それほど明確とは言えない．そこで，バルク状態の結晶とは異なる構造的あるいは物性的特徴を有する状態あるいは領域の物質がある場合に，そのような物質全体を逆に微粒子とよぶ．現在は，微細なサイズの様々な物質を微粒子と総称している.

　いっぽう，その結晶が十分な大きさ[*1)]に成長しない場合がある．そのような結晶を微結晶と称する．しかし構造・物性評価技術の向上にともない，小さな粒径の物質でも単結晶構造ならびに物性測定が可能となり[*2)]，単結晶という言葉の定義は，だんだんとより小さなサイズ領域へ移行してきている．このような状況の中にあり，物性分野における研究の進展とともに，研究者が意図的に微細加工技術を利用して構造体を構築して，周期性を人工的に作り込むことができるようになってきた[*3)]．大きさがナノ領域のサイズに加工してできたナノ構造体や，特別な物質創製法を適用してナノ領域において結晶の構造を制御して創成した結晶を，ナノ結晶と総称している．

　最近では人工的手法の流れとは全く異なり，自然界で観測される自己組織現象を利用して，ナノ物質の創製を行う研究が著しく進展してきている．このような関連研究は，1980年代後半に発見された炭素系クラスタ物質を契機として，近年急速に活発化している．自己組織現象を適用したナノクラスタ結晶なども，広義の意味では，ナノ結晶の分類に含まれる．

　ナノ結晶の中で，周期性が光と同じ程度の波長であるものがホトニック結晶(図 5.1 (a))であり，光量子領域において電子バンド(フェルミ粒子バンド)と

[*1)] 従来は粒径が数 100 μm ～ 数 mm 程度の大きさを有する単一粒径の物質を単結晶，それ以下のサイズの結晶粒径の集まりの物質を多結晶と慣習的に総称していた.
[*2)] 放射光施設 SPring-8 における単結晶ビームラインでは，μm サイズの単結晶解析が可能となっている．
[*3)] 現在では電子線直接描画技術を用いると，20 nm 程度の微細加工が現実のデバイスでも可能な状況となっている．

類似したホトニックバンド (ボゾン粒子バンド) が形成される[*1]. さらに, 最近ではX線加工技術や電子線微細加工技術を駆使して, ナノメートル領域の周期構造体の構築も可能となっていて, 人工格子ナノ結晶とよぶべき物質 (図5.1 (b)) も出現している. このような構造体を用いて, 磁性体の形状や配列を人工的に制御して磁気相互作用を制御する興味深い研究がなされている.

5.1.2 ナノ物質の変遷

歴史的に別の観点から, 種々のナノ物質に関して構造と物性を簡単に概観する. ナノ物質の中でも一番先に取り上げるべき研究は, ナノクラスタ物質であろう. クラスタ物質に関する研究の歴史は古く, はじめはアルゴン (Ar) などの希ガスやナトリウム (Na) などのアルカリ金属クラスタに関する研究から始まった. 数個の小さな数から数10個と大きくなった場合のナノクラスタの構造は, 物質の端のエネルギー不安定性を結合エネルギーの利得として解消する結果として, 特殊なマジック数が出現して歪の少ない5員環と6員環ネットワークを基本とする多面体が安定となる. 炭素の場合, この一連の物質群の中で代表的な物質が1996年にノーベル化学賞となったC_{60}である[3,4]. さらに六角形の数の割合が増加していくと, 大きな球形状フラーレンあるいはグラファイトシートが丸まってできる異方的な円筒形状のナノチューブという2種類の物質が生成する[5].

炭素元素もシリコン元素も共にIV族の元素である. しかし, この両元素から形成するナノ固体の構造は, 元素の種類に依存して大きな違いがある. 炭素系クラスタにおいては, 炭素数nが比較的少ない場合には, 線状あるいは環状のクラスタが実験としては観測される. いっぽうシリコン元素の場合には, 質量分析法および振動分光法により, 特に$Si_4(D_{2h})$, $Si_6(D_{4h})$ならびに$Si_7(D_{5h})$のマジック数を有するクラスタが形成する事が確かめられている[6].

多面体クラスタ系物質がIV族元素に多く見られる理由は, 基本構造である多面体クラスタが形成するためには結合の柔軟性が重要で, 多様な結合角に対応した物質構造のエネルギー安定性が必要であり, IV族元素がこの条件に適し

[*1)] バンドを占有する粒子の量子統計が, 電子バンドではパウリのスピン排他律を基本としたフェルミ量子統計に従うのに対して, ホトニックバンドではボーズ量子統計に従う.

た特性を有しているからである.この意味では,結合に関与する元素の軌道が d 軌道や f 軌道のような方向性が強い軌道は好ましくない.したがって,種々の多面体クラスタが形成する現象は,主に IV 族を中心として III～V 族元素にまたがる B, Al, C, Si, Ge, Sn, P などの元素に特に多くみられる.第 2 周期の元素である C の場合には,多面体クラスタの安定構造は sp^2 混成軌道を主体とした構造であるのに対して,第 3～5 周期の Si, Ge, Sn 元素の場合には,sp^3 混成軌道を主とした構造である.その結果として,安定な多面体クラスタ構造は,C 元素の場合には C_{60} の構造が最小単位になり,それより小さい炭素数で構成される多面体クラスタは不安定である.いっぽう,多くの Si, Ge, Sn 元素を構成要素とする多面体クラスタは,結合角が sp^3 軌道混成軌道角である 109.8 度近傍の正 12 面体クラスタが安定な構造となる[*1].

クラスタ系物質に新しい局面が注目された研究は,バンドギャップが 1.1 eV で間接遷移型の半導体シリコンから予想することのできない可視発光が生じるという,1990 年のイギリス防衛研究所によるニュースであった[7].その後,関連研究は現在種々の**多孔質系ナノシリコン**の研究へと展開されている.

物質のナノ構造の重要性が初めて明白になったのは,クラウンエーテルの発見であろう.クラウンエーテルは 1960 年,デュポン社の 1 研究員であったペデルセン (C. Pedersen) によって発見され,ノーベル化学賞となった物質である.その後 1970 年には,ダイ (J.L. Dye) により,アルカリ金属元素とクラウンエーテルとの化合物で,エレクトライド結晶が発見された[8].この内部空間に関する新しい発見は,その後東工大の細野グループにより透明電導性エレクトライド物質として発展され,次世代材料として注目を集めている[9].

ゼオライトはシリコン・アルミニウム・酸素から構成されるナノ物質のひとつであるゼオライト物質[*2]の内部空間に着目して,アルカリ金属を閉じ込めた場合に強磁性が発現することが報告されている[10].この現象は,ナノ空間に閉じ込められたアルカリ金属の s 電子の量子閉じ込め効果にもとづくものであ

[*1] 1980 年代に米国ウイスコンシン大学を中心に,シリコンで平面構造の 6 員環芳香性化合物であるグラフェン型化合物を合成するプロジェクトが行われたが,残念ながら現在に至るまで Si_6H_6 グラフェン基本骨格は合成されていない.

[*2] この物質は,スウェーデンの鉱物学者クロンシュテット (Cronstedt) が,アイスランドの火山で発見した天然の鉱石に含まれていたことで知られる.

り，新しい物性研究として着目される．

　エレクトライドとゼオライトは，どちらも III 族元素 Al と VI 元素である酸素を基本としたネットワーク構造を有するナノクラスタ固体である．ゼオライトは基本ネットワーク骨格の電荷バランスが負に帯電しているのに対して，エレクトライドは II 族元素である Ca が骨格元素として組み込まれているために，電荷バランスが正に帯電している．したがって，ゼオライトではアルカリ金属などのイオン化ポテンシャル (I_0) が小さい元素をネットワーク骨格の籠の内部に取り込んで電荷の中性を保っている．全体の電荷バランスの後，さらに強制的にアルカリ金属を内部に充填することができる．この際，内包されたアルカリ金属はクラスタ状態となりクラスタから放出された電子は，ゼオライト骨格の中に閉じ込められる．ゼオライトの内部空間に作られる電子占有軌道準位は，量子閉じ込め効果により量子化される．このために p 軌道準位を電子が占有する状態において，強磁性など興味深い磁性が発現することが報告されている．この実験事実は最近の理論計算においても裏付けられている[11]．

　いっぽう，エレクトライドでは，電荷のバランスを保つために，酸素原子がナノネットワーク骨格の内部に取り込まれている．したがって，エレクトライドでは Ti などの遷移金属と表面接触させることにより，電子を放出させることができる．放出された電子は，再度籠の内部空間に捕捉されて局在することなく，ナノネットワーク構造全体を遍歴して電気伝導性を発現する．すなわち，アルカリ金属を内部空間に導入して電子を閉じ込めたゼオライトは，オンサイトクーロン反発エネルギー U が軌道間電子遷移エネルギー t よりも相対的に大きいモット絶縁体であり，エレクトライドは逆に t が U よりも大きく遍歴電子系で金属となる．ナノクラスタ固体の高い構造対称性を反映した軌道縮退の効果がこの 2 つの物質系でどのように働いているかは現在でも興味ある研究課題として研究されている．

　グラファイトおよびダイヤモンドは，従来から代表的な炭素系結晶固体として知られている．しかし，サイズが小さいナノグラファイトおよびナノダイヤモンドと称される物質系は，現在でもその物性は完全には理解されているとは言えない．最近，電界効果型トランジスタ構造を適用して，ナノグラファイトに物理的にキャリヤを導入してその伝導を調べる研究が報告され，バンド質量が零のディラック電子的描像に起因した量子ホール効果などの興味深い物性が

報告され注目を集めている[14,15]．また，ダイヤモンドにボロンなどを高濃度に注入していくと超伝導が発現することが報告された[16]．その後シリコン結晶[17]やシリコンカーバイド (SiC) においても同様の報告がなされている．しかし，発現する物性とナノ構造との関係の理解は現状で必ずしも十分ではない．特にグラフェンの場合には，そのサイズが小さくなった場合，幾何学的な端の影響が固体バンドのフェルミ面に強く現れることが理論的にも実験的にも認識されている[18]．

5.2　ナノ物質の物性：基本的理解

通常の凝縮系固体と比較して，微粒子およびナノ結晶における伝導と磁性は，すでに記載したように，バンドを形成する軌道準位が離散的になっていく過程で発現する特別な効果として一般には理解される．しかし，ナノクラスタ構造を有する一連の多面体クラスタを構造ブロックとして階層的に形成されるクラスタ固体の場合には，このような離散的準位による理解とは別の観点からも伝導ならびに磁性を理解する必要がある．

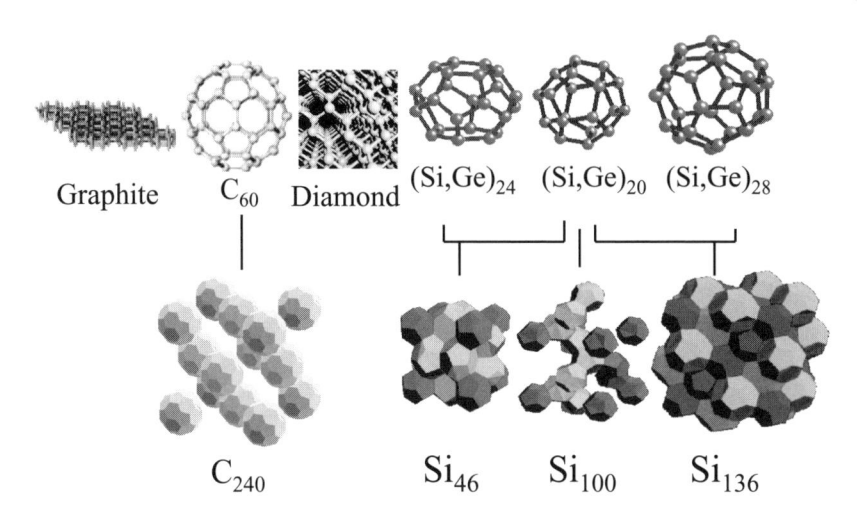

図 5.2　多面体クラスタと結晶

5.2.1 階層構造と物性

ナノ構造物質の物性の特徴を考える上で,共有結合ネットワークで構成されるクラスレート固体(図 5.1 (d))を例にとって考えてみる.本物質は,正 20 面体クラスタを構造ブロックとする結晶である.すでに記述したように,基本骨格構造は IV 元素 (Si および Ge) の sp^3 結合を基本とした結晶で閉殻電子系であり,フェルミ準位でギャップが開いたバンド絶縁体である.実際には,多面体が有するナノサイズの内部空間には,種々の原子を導入することができる.このような内包充填クラスレート物質において,イオン化ポテンシャル I_0 が低いアルカリ金属原子およびアルカリ土類原子を,ひとつの内部空間当たりひとつの内包原子として導入した場合を考えると,内包原子から電子が 1 個あるいは 2 個まわりを取り囲む籠骨格の波動関数が形成するバンドへ移動することにより,伝導帯が電子で部分的に満たされた金属となることが推測される.同様の基本的な考え方は,類似の籠構造を有するスクッテルダイト物質ならびにパイロクロア物質へも適用される.しかし,内包原子の導入量が少なく伝導バンドのキャリヤ濃度が少ない状態では,半導体状態となり金属とはならないことが知られている.この理由は,低濃度の状態では結晶の内部空間に無秩序に内包原子が導入されるために,結晶構造の周期的乱れが生じて量子干渉効果によるアンダーソン局在が生じるためであると考えられている.この意味では,低濃度キャリヤの領域では,通常の IV 族半導体の場合と似た状況が観測される.多くのクラスレート物質では,$10^{20} \sim 10^{21}$ cm^{-3} の濃度のキャリヤが導入されていて,半導体において不純物キャリヤを高濃度にドープとした金属としてとらえる事ができる.

結晶の骨格構造の完全性および乱れがクラスレート物質の電気伝導に多大な影響を及ぼす例として,基本的なクラスレート物質の電気伝導ならびに磁化率の温度依存性に関する実験結果を例にとる.Ba_8Ge_{46} 物質を合成すると骨格構造の欠損が生じ Ba_8Ge_{43} 構造ができる.この構造では Ge 原子 3 個が完全な骨格構造から欠如するために,電子が遍歴系から局在系へと変化する.いっぽうこの欠陥を系統的に Au などの非磁性の遷移で置換すると,抵抗は再び金属に戻り磁性的にもパウリ磁化率が復活することが報告されている[19].このように階層構造を有するナノ構造物質では,遍歴系と局在系の微妙なバランスの上に電子状態が達成されている.このような理解は,ナノ構造として階層構造を有

する物質群に普遍的に適用される概念であろう[*1]．

5.2.2 内部空間

ナノ構造物質は安定なナノ構造が存在して結晶を構成する構造ブロックとなるために，比較的大きな内部空間を有することが多い．したがって，いろいろな原子や分子をその中に取り込む包摂機能を有している化合物でもある[20〜22]．包摂機能は，興味深い様々な物性を示す[*2)*3]．

原子や分子あるいは限られた数の原子の集団が微小空間に閉じ込められた場合，自由空間に存在する状態とは異なる状態を示すことが期待され，このような状態を与える効果を一般に量子閉じ込め効果という．例えば，電子を微小ナノ空間に閉じ込めた場合は，電子軌道準位の量子化が生じる．そのため，ひとつの空間に多くのアルカリ金属を閉じ込めて閉じ込める電子数を増やしていった場合，量子化された軌道準位はエネルギーの低い軌道から順に占有されていく．そのための，電子はs軌道，p軌道，d軌道的電子状態を有するようになり，擬似原子[*4]を創製できる事になる．このような閉じ込め効果を利用すると，本来強磁性体とは関係がない軽元素や非磁性元素からだけでも，興味ある磁性物質を設計することができる．

最近水がカーボンナノチューブに入った場合に，水のナノチューブが形成することが観測されている．水という基本的物質の閉じ込められた空間内での構造ならびに物性が興味深い[13]．物質の外部スペースではなく内部スペースという観点から新しい物質を探索する研究は興味深い物性科学の進展方向のひとつであり，閉じ込め効果により発現する新規な状態を研究対象とした物性科学が

[*1] クラスレート系物質は，このような簡単化された理解に加えて特殊な電子格子 (el-ph) 相互作用を取り入れて解釈する必要があり，銅酸化物系物質では電子相関 (U) が重要な働きをする事は現在では共通した認識である．

[*2] クラウンエーテル物質と同様に，C_{60} やクラスレート物質，パイロクロア，スクッテルダイトが有する内部空間には，他の元素が包摂される形で存在する．

[*3] 内包を表す記号として@が一般に用いられる．M@C_n は M という元素が C_n 籠構造内に包摂された構造を表す．この記号は，ノーベル化学賞を受賞したスモーリ (R. Smally) 博士が考案したもので，内包フラーレンに関して記載された最初の論文で使用されて以降，一般に広く用いられている表記法である．

[*4] 擬似原子を作製するという基本的アイデアは，井下・渡辺両氏による GaAs 半導体などを利用した擬似原子のアイデアがその発想の原点であると思われる[12]．

進展することが期待される[20〜25].

ナノ構造固体のひとつの特徴にフォノンがある.通常の固体ではフォノンは,格子フォノン(クラスタ固体の観点からは,クラスタ間フォノンと総称することができる)が代表的なフォノンであり,固体物理ではデバイフォノンとして議論される.しかし,ナノ物質では,さらにこの種類のフォノン以外に前節で記述した物質構造の階層性と関係してナノクラスタ構造の振動に基づく**クラスタフォノン**(クラスタ内フォノン)ならびに非常に広い空間に閉じ込められた内包原子の非調和的な異常振動(近年ラットリングフォノン(rattling phonon)と総称される)[*1]など様々なフォノンが階層構造のもとで存在する.

代表的な種々のBCS超伝導体は,格子フォノンを介在するクーパ電子対形成機構が良く知られているが,C_{60}や分子超伝導体などでは,比較的エネルギースケールの大きいクラスタ内フォノンモードや分子振動モードが超伝導に関係する可能性が議論されている.また最近では,非調和振動状態を含むラットリング現象が超伝導に関係するかどうかに関しても関心が集まっている.このような物質における超伝導臨界温度 T_c と構造の関係は,今後の興味ある研究課題である[26,27].また良く知られているように周期的な電子格子相互作用の摂動は,構造相転移を伴う電荷密度波[*2]としての金属絶縁体転移を引き起こす.これは,格子振動などの非局在状態のフォノンとの相互作用により長距離秩序として電荷の密度波が生じることによる.このように電子格子相互作用ならびに電子間相互作用の影響は,その摂動の状況に依存して様々な形でフェルミ面の変調につながり,超伝導あるいは絶縁体への転移など様々な現象として観測される[*3][*4](3.4節参照).

従来の格子フォノンではなく,比較的分散の小さいラットリングフォノンあ

[*1] 本来フォノンという言葉は,周期性を有する量子化された振動の集団モードに対して使用する言葉であるが,内包された比較的自由度の高い原子運動の場合でも,弱い共有結合成分を介して振動の集団運動の特徴のあるモードとして発現する場合があり,そのような場合にラットリングフォノンということ言葉が学術用語として使用されている.

[*2] CDW, Peierls転移とも呼ばれる.物質の構造が歪む事によりエネルギー準位が分裂して,系全体のエネルギー利得が生じる場合の現象である.

[*3] 周期的な摂動が電子間相互作用 (U) として与えられる場合は,スピン密度波としてのフェルミ面の不安定性が生じる.これは,スピン密度波 (SDW) 転移として知られる (3.4節参照).

[*4] CDW, SDW ならびに超伝導へと変化した場合のバンド分散の概念を波数空間として描いてみる事は教育的である.

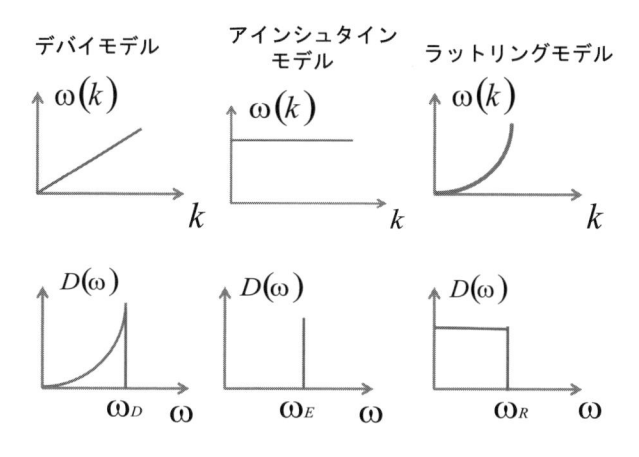

図 5.3 種々のフォノンモデルの分散関係

るいは非調和性の強いフォノンの場合に電子系が受ける影響に関する研究は，現在の物性研究において重要なひとつの研究領域となっている．本節で，このような非調和ポテンシャルにおけるフォノン状態を簡単に考察する事は有益であろう．代表的なフォノンの分散関係を図 5.3 に示す[*1]．

このような非調和振動モードを調べるひとつの方法は，広範囲のエネルギースケールにおける比熱実験である[*2]．比熱の一般式はフォノン状態密度 $D(\omega)$ を用いて

$$C_\mathrm{p} = \int k_\mathrm{B} u^2 \frac{\exp(u)}{[\exp(u)+1]^2} D(\omega) d\omega, \quad u = \hbar\omega/(k_\mathrm{B}T) \quad (5.1)$$

と表現される．この一般式に前述した分散関係を導入する事により，非調和フォノンの影響を議論する事ができる．より現実の系に即した取り扱いとしては，ソフトポテンシャルモデル (SPM) と呼ばれる 4 次多項式ポテンシャル V_SM が使用されることが多い[23]．ここで，d はポテンシャルの幅で $W = \hbar^2/(2m_e d^2)$ の関係で定義される量である．また，D_1, D_2 は任意係数である．

$$V_\mathrm{SPM}(x) = W[D_1(x/d) + D_2(x/d)^2 + (x/d)^4] \quad (5.2)$$

[*1] 音響フォノン領域である $k=0$ 近傍におけるフォノン密度 $D(\omega)$ と角振動数 ω の分散関係は，調和振動モードの場合有名なデバイフォノン分散 $D(\omega) \propto \omega^2$ を与える．ばね連成振動の問題として，この分散関係を求めてみる事は教育的である．

[*2] 非弾性散乱中性子実験によりフォノンの分散関係を求める実験はより直接的な検証実験となる．

この場合の関係式は種々の考察と共に解析的に解かれていて，フォノン状態密度 $D(\omega)$ は，

$$D(\omega) = P_{\rm s}/(8W)(\hbar\omega/W)^4 \int_0^1 dt \exp[-A(\hbar\omega/(2W))^6 t^2(2-t^2)^2]$$

と求められている．この分散関係を用いて比熱の一般式 $C_{\rm p}$ を計算して，低エネルギースケールにおいて比熱の温度異常項と比較する事により非調和フォノンの影響を議論する事ができる．いっぽう，ポテンシャル障壁が温度エネルギースケールと同程度である場合には，量子トンネル効果による運動が生じる．このような場合には，アンダーソン (Anderson) などにより提案された 2 準位系の比熱を拡張した

$$C_{\rm TLS} = \int k_{\rm B} u^2 \frac{\exp(u)}{[\exp(u)+1]^2} D(\omega) d\omega, \ \ u = \hbar\omega/(k_{\rm B}T) \quad (5.3)$$

の式を適用して，非調和フォノンの比熱に与える影響が議論されている[*1)]．TLS の式はガラス比熱の異常現象を説明するために連続的なトンネルポテンシャルがある場合に導出された式であり[24)]，ガラスで観測される温度の 1 次の線形項 αT を説明する事ができる．この比熱を **TLS** (Two-Level-System) 比熱と一般に称している．

本節で記載した非調和フォノンが電子-格子相互作用として，従来の格子フォノンと遍歴電子との相互作用とは異なる特異な相互作用を創出する可能性に関して，多くの研究が活発に行われている．特に，超伝導と関係してクーパ電子対を形成する電子-格子結合定数への影響は物性として興味ある課題である．また，伝導電子系—磁性電子系—フォノン系が相互に密接に関係して，格子–磁性–伝導の複合格子系として興味ある多彩な電子物性が発現することが期待される．

非調和フォノンは，熱電変換素子への応用の観点からも多くの期待が寄せられている．ナノ構造物質では，一般に電子は結晶全体に広がるブロッホ描像で比較的良く記述されるのに対して，熱伝導は非調和フォノンによる音響フォノ

[*1)] 一般の比熱の式 $C_{\rm p}$ と **2 準位量子トンネリング**の場合の比熱の式 $C_{\rm TLS}$ とは一見良く似ているが，分母の符号が異なる事に注意せよ．また，この際に表れる積分 $\int k_{\rm B} u^2 \frac{\exp(u)}{[\exp(u)+1]^2} d\omega$ は，ω の小さいところですぐに収束する積分である事に注意すると，$k=0$ の近傍にいくつかのフォノン状態密度があれば，比熱の温度依存として T の 1 次線形関係が発現する事が理解できる．

ンの散乱により大きな影響を受け，ある種のナノ構造物質ではガラス状態に類似した低い値に抑えられることが期待される．そのような状態は "**Phonon Glass-Electron Crystal (PGEC)**" を基本概念として，理解できる可能性のあることが最近の研究により提唱されている[25]．この概念と関係して，図5.4 に示すように，熱を運ぶ働きをする音響フォノンモードは，分散の小さい非調和フォノンと交差する事により，散乱され分岐が観測されることがある．

熱から電位が発生する現象は，ゼーベック効果といわれる．物質に温度差 T_H および T_L が存在する場合に発生する起電力の大きさを表す値ゼーベック係数[*1] は，一般的な物質では，自由電子論から予想される値 $10^{-6}\,\mathrm{V\,K^{-1}}$ 程度ときわめて小さい．しかし，自由電子論からはずれる種々の要因が存在する場合は，この値から大きくずれることがある．特に強相関電子系物質やフォノン異常を有するクラスレート化合物にそのような例が見られる．このような物質は，**熱電変換素子**として排ガス熱などから多くのエネルギーを取り出せ，将来予測される深刻なエネルギー問題を解決する糸口になることが期待される．すなわち，熱電変換効率を表す値 ZT 値 ($ZT = (S^2\sigma/\kappa)T$ [*2])，ここで σ は電気

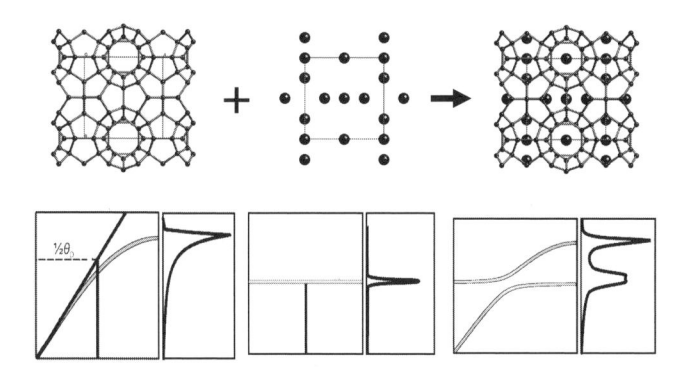

図 5.4 熱を伝搬する音響フォノンと分散の小さいラットリングフォノンの交差散乱のモデル．$k=0$ 近傍のデバイ分散を有するフォノンが分散の小さいラットリングフォノンとの散乱により分岐して2つの山をもつフォノン密度として観測される様子が表現されている．

[*1] 電位 V のグラジュエント ∇V が起電力 E を表すように，温度 T のグラジュエント ∇T も起電力を生む．その大きさがゼーベック係数 S である．
[*2] 無次元化するために T が乗じられていて，この値を変換効率とよんでいる．

伝導度, κ は熱伝導度を表す) を考えると, PGEC の概念を有する物質系では高い電気伝導度 σ と低い熱伝導度が実現しているので, その比 σ/κ が自由電子論のビーデマン–フランツ (Wiedemann-Frantz) 則の関係式を超えて大きくできるために, ゼーベック係数がある程度大きければ, 熱電変換の性能指数 ZT 値は大きくなる[*1].

5.3 クラスタ・微粒子・ナノ結晶:各論

本章では, ナノ構造物質として興味深い物性を示す物質に関してその構造ならびに電子物性を述べる. 総論で記載した事を具体的に理解して, ナノ構造物質研究の最前線を知るうえで役立つであろう.

5.3.1 Si, Ge, Sn 系ナノ多面体物質

IV 族の多くの元素は, ナノ構造物質としてクラスレート物質を形成する. 炭素元素からできるクラスレートはカーボンクラスレート, 珪素元素からできるクラスレートはシリコンクラスレートと呼ばれる[28][*2].

Si, Ge, Sn などのクラスレート物質を合成するためにはクラスレート骨格構造を形成する主要元素である IV 族元素がイオン状態となる合成経路をとる必要がある. 例えば, シリコンクラスレート化合物の場合には, Si 原子の陰イオン Si$^-$ は P (燐原子) と等電子構造である. P 原子は, sp^3 混成に近い 4 面体クラスタ[*3]を形成する. このようにして, 形成したクラスタ化合物からアルカリ金属を真空下で加熱処理することによりゆっくりと除去する過程を経て, ク

[*1] 熱電変換材料は, 環境エネルギー材料として近年注目されている. その指針となる ZT 値は 1.0 以上であれば, 実用化されるといわれている.

[*2] シリコン原子から構成される炭素クラスタと類似したナノクラスタを有する物質の発見は, 歴史的には炭素物質よりもさらに早く, 1965 年にフランス CNRS の Cros 等により発見されている[28]. 当時は, 物性的に興味のある特性が見いだされなかったが, 1995 年に山中が, このクラスレート系物質の内部空間に Ba を内包させた場合に, 純粋な Si-sp^3 ネットワークが超伝導を示すことを初めて発見し[29], 大きなインパクトを与え, クラスレート研究が再び世界的な脚光を浴びる発端となった. これらの物質は, 近年クラスレート系物質として注目され, 研究が活発化している. またいっぽう, シリコンにおいては, イオントラップ法という新しい装置を適用して, シリコン系多面体クラスタを人工的に合成することに成功して[21], 新しいシリコンクラスタ物質を創製する研究が, 半導体材料の研究として行われている.

[*3] 一般にこのようなイオンクラスタ物質は合成化学分野では Zintl 相と命名される.

ラスレート化合物を合成することができる．この際，その体積変化を考えると高圧法が有力な合成方法となる[31]．C 元素の多面体クラスタにおいても，C_{36} および C_{20} などの存在を示唆する実験が報告されたが，その後進展は報告されていない[32]．

IV_{20} 多面体クラスタを基本として作り出される代表的なクラスレート（図 5.2）の場合には，結晶はブラベ格子である立方体の各頂点と中心に IV_{20} を配置した構造となっている．中心の正 12 面体クラスタは，各頂点に置かれた正 12 面体クラスタと比較すると，90 度回転した配置をとっていて，結晶学的には単純立方晶（P）である．この構造は，Nb_3Sn などの無機物質で有名な A15 構造と総称される結晶構造と比較すると理解しやすい[*1]．実際のクラスレート化合物の単位胞では，この他に正 12 面体クラスタを結ぶ位置に 2 つの格子面を共有する形で単位胞あたり 6 個の元素が配置して，計 46 個の原子数で結晶としてのブラベ格子を形成している[*2]．

多面体の組み合わせに依存して図 5.2 に示されるように多種類のクラスレート化合物が存在する．IV_{20} と IV_{24} からは，IV_{46} クラスレートが形成する．内包元素は，2 個の $A@IV_{20}$ と 6 個の $B@IV_{24}$ である．IV_{20} と IV_{28}（16 面体）からは，IV_{136} クラスレート化合物が生成する．6 個の $A@IV_{20}$ と 18 個の $B@IV_{28}$ が内包される．さらには，IV_{20} が螺旋形状でつながっていくと，開放構造の IV_{100} クラスレート化合物が形成する．この格子の中には，閉じた多面体および開放多面体を合わせて全部で 24 個の元素が取り込まれる．これらのクラスレート化合物は代表的なもので，この他にも多くのクラスレート化合物が報告されている．

[*1] 立方体の頂点および中心に存在し，内部に他元素を包摂する単位胞当たり 2 個の正 12 面体クラスタ $A@IV_{20}$ を Sn に，立方体の面上に存在する単位胞当たり 6 個の元素 $B@IV_{24}$（クラスタ構造で考えると 14 面体クラスタ IV_{24} の内部に内包されている元素）を Nb と対応させれば，全く同じ構造である．

[*2] 重要な事は，この多面体クラスタを結びつける位置の 6 個の元素を取り除いたとしても，正 12 面体クラスタは全く影響を受けないという事である．正 12 面体クラスタをこの格子から除くと正 14 面体クラスタが残り，クラスレートは，正 14 面体クラスタから形成されていると考える事もできる．このような見方に立脚すると，C および D の 46 個の原子のうち C サイトの 6 個は，前述したように 14 面体クラスタの構成元素の一部でもある．したがって，14 面体クラスタは $[20 \times Si + 4 \times IV] = Si_{20}IV_4$ と表記する事もできる．

フォノン介在の弱結合BCS超伝導体[*1)]の臨界温度T_cの値が，フォノンの周波数と線形的な関係があることを考えると，クラスレート化合物の場合には，クラスタに特徴付けられるよりエネルギースケールの大きい高周波フォノンが多く，高いT_cを有する超伝導物性を期待できる．実際にBaを導入した物質Ba_8Si_{46}は超伝導体となることが見いだされている[29)]．Ba元素の6s軌道から導入された電子が，Si_{20}クラスタ軌道とBaのpおよびd軌道が混じりあってできたバンドに入り，クラスタネットワーク全体に広がるフェルミ面を形成して金属となる．Siの4s，4pにBaの4d，5s軌道が混成して作られるバンドはその幅Wが小さく，そのバンドにおける同一個数の電子キャリヤを考えるとフェルミ面の状態密度が高いことがBCS超伝導体として有利に働き，$T_c=8\,\mathrm{K}$程度を示す超伝導体となる．超伝導電子対は，300K程度のエネルギー領域のフォノンを媒介として形成されると考えられる[33)]．

クラスレート物質において，内包原子の異常振動モードが関係する特徴のある電子相転移現象が，クラスレート物質のひとつである$Ba_{24}Ge_{100}$で報告されている[26)]．この物質では，内包原子の異常振動運動と関係して，$T=200\,\mathrm{K}$近傍で高伝導の金属相から低伝導の金属相への電子相転移が生じる．これは，内包原子の非調和な振動モードの影響により大きな自由度を有する骨格格子が局所的に歪む局所ヤーンテラー相互作用として理解される．同様な現象は，結晶学的に等価な構造を有する$Ba_{24}Si_{100}$では観測されない[27)]．これは，Si_{100}構造が有する内部空間は，Ge_{100}が有する内部空間に比べて小さく内包原子であるBaイオンの運動の非調和性が小さいことと関係がある．

クラスレート物質に磁性原子を導入した場合，興味ある磁性現象が観測される．すなわち，クラスレート骨格を形成する元素の軌道により構成された伝導バンドに遍歴する伝導電子は，組み込まれた局在電子スピンと相互作用する事により，電子スピン間のハイゼンベルグ型直接相互作用ではない強磁性や反強磁性などのスピン配列が期待される[26,30)]．遷移金属元素を用いて磁性電子を導入したクラスレート物質では，磁性電子系が伝導電子系の分極を介して間接相互作用することによる強磁性が発現する．このような磁性の発現は**RKKY間接相互作用タイプのスピン配列**に起因するものと考えられる．量子力学的な直

[*1)] 電子間に引力が働く機構は，フォノン以外でも純粋な電子間相互作用の範疇でも特殊な条件下では存在する．

接相互作用の場合には，離れた局在電子スピン間に働く相互作用は2つのスピン間の距離の関数として急速に弱まっていくが，RKKY間接相互作用は遠距離まで続く相互作用である．数種類の距離が異なる関係の磁性原子が存在する場合には，強磁性相互作用と反強磁性相互作用が磁性原子間の距離に依存して交互に現れ，スピンフラストレーション系となる．実際に，観測された磁気特性の低温側の挙動を詳細に観察するとスピングラス転移とみられるカプスを伴う磁化率低下の現象が観測されることが多い．

5.3.2　III族ナノ構造物質

IV族元素であるCおよびSi以外にも同様な物質は存在する．III族元素は，多くの場合3中心結合の結合様式を示す．そのために，基本クラスタ構造として正12面体構造を有するクラスタが形成する．このクラスタは共有結合で結合したネットワーク固体である．一番下の階層の多面体を取り囲むようにして外側の多面体が構築される形式を繰り返すことによりクラスタ結晶が形成する．このような物質として良く知られている物質に α-ボロンと β-ボロンがある．またB元素以外でも，Al元素などから形成される構造ネットワークは，同様の階層性を有する籠構造として，多面体ナノ空間ネットワーク構造を示すことで知られている[34,35]．このような物質のいくつかは，擬似結晶として知られているものも多い．

III族BおよびAlを中心とするこのような物質は，最近キャリヤ注入による金属化ならびに構造制御による結合(共有結合—イオン結合)転換の観点から活発に進められている．図5.5の下図に示したものは，構成元素を変化させた場合の2種類の物質の電子密度図である．左側の図は，結合の箇所の電子密度分布に濃淡がはっきりと現れ，共有結合モードの存在を明確に示している．いっぽう右側の電子密度分布は全体に広がっており，金属結合的なモードの存在を示唆している．

クラスタ物質の一般論ですでに記載したように，クラスタ結晶のひとつの特徴として，高い状態密度があげられる．α-ボロンにLiをインターカレートさせた物質の電子状態は計算されていて，その高い状態密度から高温超伝導体への可能性が示唆されている[35]．最近，極限高圧下の実験で，α-ボロンが超伝導を示すことが確認され，研究が進展している．

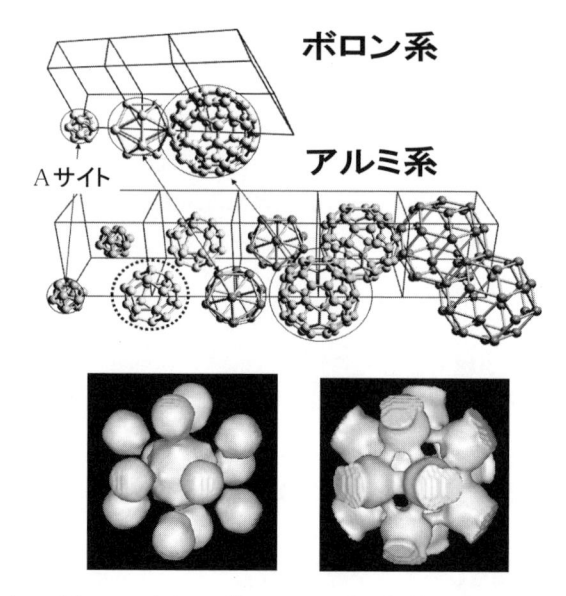

図 5.5 ボロン系とアルミ系正 20 面体クラスタ固体の多重殻構造の比較．アルミ系ではボロン系で空になっているサイト (点線の円) に原子が存在し金属結合となっている．下図は，アルミの正 20 面体クラスタの金属結合–共有結合転換の実験的証拠．中心の Re 原子がないと共有結合になる．図は，東京大学木村薫教授のご好意による．

5.3.3 炭素系ナノ多面体物質：フラーレン

炭素ナノクラスタ物質である C_{60} [*1)] に関する研究は，1990 年初期の大量合成を機に大きく進展した[4)]．現在では，図 5.2 に示すような種々のクラスタ物質が IV 族元素を中心として存在する．C_{60} 物質は，π–電子系の閉殻電子構造を有する．したがって，ファン・デル・ワールス結晶となる[*2)]．

[*1)] 幾何学のオイラーの定理によれば，閉じた多面体で辺の数 (E)，面の数 (F) および頂点の数 (K) の間には，$K + F = E + 2$ の関係があるので，炭素元素から構成されるクラスタ群は，最小単位が C_{20} の正 12 面体から始まり無限に存在する．実際の実験では，マジック数があり，最小単位は I_h (I_h は点群の表記のひとつで，Schönflies 記号における 20 面体回転群である) の対称性を有する C_{60} である．生成機構に関しては，簡単な経験則である "5 角形は相隣り合うことはない" という孤立 5 員環則 (IPR：Isolated Pentagon Rule) があるだけで，依然として多くの議論がなされ続けている[36)]．

[*2)] ケイ素では正 12 面体クラスタが存在する．正 12 面体クラスタは，面の曲率が大きく sp^3 混成軌道が主体で，1 個のクラスタの電子状態は開殻系となる．そのために，結晶が形成される際には sp^3 混成軌道が共有結合を作り，多くの場合多面体共有結合結晶として存在する．

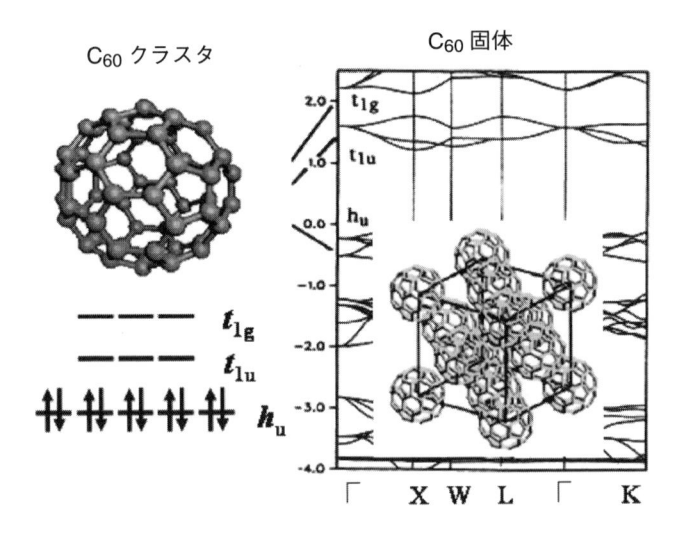

図 5.6 多面体クラスタおよび C_{60} 結晶

C_{60} クラスタ分子は h_u 対称性を示す 5 重縮退のエネルギー準位の HOMO 軌道と 3 重縮退の t_{1u}[*1)] 対称性の LUMO 軌道を有する．5 重縮退の HOMO 軌道は 10 個の電子で完全に占有されているので，C_{60} クラスタ分子は閉殻電子構造を示す．また，HOMO 軌道を形成する軌道は p 型軌道であり価電子はクラスタ全体に広がっているので，C_{60} 分子の物性はこの π 電子物性で特徴付けられる[37)]．C_{60} クラスタの高い対称性を反映して，形成されるバンドは h_u の最高被占軌道および t_{1u} の最低空軌道は，面心立方構造の C_{60} 固体ではともに有限のバンド幅をもつようになる[*2)]．

C_{60} は半径が約 0.35 nm と通常の元素に比べて大きいので，キャリヤ注入の方法としては，格子間隙に C_{60} よりもイオン化ポテンシャルの小さい元素あるいは電子親和力の強い元素を導入して，その元素から C_{60} 固体に電子を導入し

[*1)] h_u および t_{1u} は，点群 I_h の既約表現のひとつである．
[*2)] 価電子帯の上部は 5 重縮退の h_u 由来の軌道によって形成され，伝導帯の下部は 3 重縮退の t_{1u} 由来の軌道によって形成されている．伝導体を構築する t_{1u} 対称性を有する最低空軌道は，C_{60} 分子全体に広がる π 電子的特性を有する軌道であったもので，バンドは C_{60} クラスタの特徴をかなり強く残している．実際に fcc C_{60} は，2 eV 程度の有限のバンドギャップを有する半導体であることがわかっている．

M_xC_{60} 物質の構造シークエンス

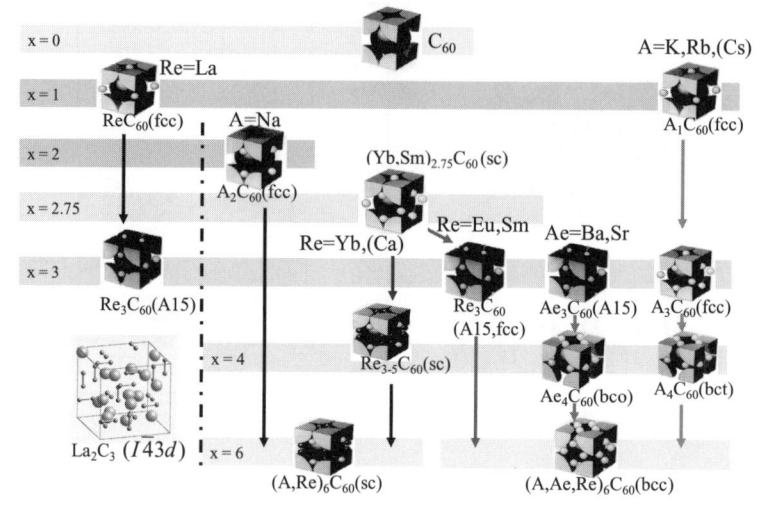

図 5.7 C_{60} インターカレション物質の構造シークエンス

たりホール導入する手法が適用される[*1)]. これと類似した方法は，グラファイトの層間に別の元素を導入する層間インタカレーション化合物の場合に見られる．C_{60} 固体の場合には，3次元層間インターカレーションと言える．

C_{60} と他の元素を組み合わせてできる結晶の構造に関しては，詳細に検討されていて，導入される元素のイオン半径と価数に依存して構造が変化することが分かっている（図 5.7 を参照）[38~52)]. アルカリ金属 (A=K, Rb, Cs) の場合には，導入していく原子の個数に依存して，面心立方 (fcc)$A_3^+C_{60}^{3-}$ ⟶ 体心正方

[*1)] C_{60} と分子系電子供与体（電子ドナー）を用いた C_{60} 錯体物質の組み合わせた C_{60} 錯体の合成に関しても研究されていて，C_{60} の電子アクセプタとしての強さが求められている．C_{60} 物質に対する種々の分子の相対的な電子ドナー性は TCNQ > TCNE > QBr$_4$ > QCl$_4$ > QF$_4$ > Cl$_2$NQ > TCNB > QMeBr$_2$ > Q > NB である ［略称：Q (p-benzoquinine), TNB (s-trinitrobenzene), TCNB (s-tetracyanobenzene), OMe$_2$Br$_2$ (2,5-dibromo-p-xyloquinone), Cl$_2$NQ (2,3-dichloro-1,4-naphthoquinone), QF$_4$ (p-fluoroanil), QCl$_4$ (p-chloroanil), QBr$_4$ (p-bromoanil), TCNE (tetracyanoethylene) and TCNQ (tetracyanoquinodimethane)]. これらの系ではいくつかの物質では単結晶も得られてはいるが，現在までに興味ある物性を示すインタカレーション物質が形成できたという報告はない[43)].

(bct)$A_4^+C_{60}^{4-}$ ⟶ 体心立方 (bcc) $A_6^+C_{60}^{6-}$ という構造変化を示す．アルカリ金属の場合でも Na などのイオン半径が小さい金属を導入する場合には，fcc 構造の C_{60} を基本として構造転移は起らず Na_2C_{60} の組成と Na_6C_{60} の組成の結晶ができる．アルカリ土類元素 (Ae=Sr および Ba) とのインターカレーションの場合には，A15 型 Ae_3C_{60} ⟶ 体心斜方晶 (bco)Ae_4C_{60} ⟶ $bccAe_6C_{60}$ と別の構造シークエンスとなる．いっぽう，ホールキャリヤを注入するために I や Br 等の導入が試みられている．結晶としては，I_2C_{60} および I_4C_{60} などの組成の構造のものが得られているが，磁化率に多少の異常が観測されるものの，現在までに確かなホールキャリヤ注入の成功事実は確認されていない[41, 42]．

実際に，電子が注入された C_{60} 固体は比較的電導度の良い金属となり[38]，比較的高い超伝導臨界温度を示す超伝導体となる[39] ことが実験的に確かめられている．この系における最も高い T_c は $RbCs_2C_{60}$ で観測される 33 K[48] であるが，最近高圧条件下で Cs_3C_{60} に対して $T_c = 38$ K の存在が確認された[49]．t_{1u} 由来のバンドにおける C_{60} 超伝導体は，C_{60} の価電子状態が 3 価の状態で特別であり，他の価電子状態では超伝導は発現しない．さらに，超伝導相の近傍は C_{60} が 3 価の状態から，わずかに電子過多あるいは電子欠損の状態となるだけで，超伝導状態は急速に消失すると同時に金属—絶縁体転移を生じる[44〜60]．これは，電子相関 U のためであると考えられる．アルカリ土類金属を含んだ第 2 伝導帯である t_{1g} バンド超伝導体に関しては，Ca, Sr, Ba[51] ならびに (アルカリ金属/アルカリ土類金属) C_{60} 超伝導体[52] の研究が報告されている．従来の 3 次元的な A_3C_{60} 固体に対して，A_1C_{60} で得られる 1 次元的な結晶相は電子構造および物性の観点から興味深い．この 1 次元的な物質は空気中で安定で，低次元分子伝導体でしばしば観測されるように，低温で金属—絶縁体転移現象を示す．また，冷却速度や観測する温度領域に依存して，3 次元，1 次元，ダイマー相など種々の興味ある相を示すことも最近詳細に議論され始めている．このような低次元相に対してはこれまでのところ超伝導は観測されていない[59]．

C_{60} 化合物の中で特に K_3C_{60} および Rb_3C_{60} の電子状態に関しては，金属状態あるいは超伝導状態に対して重要な物理変数が様々の実験手法により求められている．これらを表 5.1 にまとめた．SQUID を用いた静磁化率の測定から，臨界磁場，コヒーレント長 ξ，磁場進入長 λ などが決定されている．これらの値から求められたギンツブルグ–ランダウ定数 ($\kappa = \lambda/\xi$) の大きさから C_{60}

表 5.1 $C_{60}K_3$ と $C_{60}Rb_3$ の物性定数

物性	K_3C_{60}	Rb_3C_{60}
$a_0(\text{Å})$	14.240	14.384
$\rho\,\Omega\,\text{cm}^{-1}$	2×10^{-3}	1×10^{-2}
$T_c\,(\text{K})$	19	29
$dT_c/dP\,(\text{K}^{-1}\text{GPa}^{-1})$	-0.97	-0.78
$da_0/dP\,(\text{GPa}_{-1})$	1.20×10^{-2}	1.52×10^{-2}
$H_{c1}\,(\text{mT})$	13	26
$H_{c2}\,(\text{T})$	26	78
$\xi\,(\text{nm})$	2.6	2.0
$\lambda\,(\text{nm})$	240, 480, 600	168, 440, 460
$\ell\,(\text{A})$	31	9
$2\Delta/k_BT_c$	4.0, 3.6, 3.6, 5.2	3.1, 3.0, 3.0, 5.3
$N(E_F)\,(\text{eV}^{-1}C_{60}^{-1})$	15 ± 10	20 ± 10

系超伝導体は典型的な第 2 種超伝導体であることがわかる.超伝導ギャップに関しては,多少のばらつきはみられるものの,$2\Delta/k_BT_c$ は 3.52 の弱結合 BCS 理論の上限である.

5.4 ナノ構造物質の伝導と超伝導

高温超伝導物質とよばれるいくつかの物質は,結晶が有するナノ構造が重要である事が多い.図 5.8 にそのような超伝導物質が有する基本単位構造 (銅酸化物:CuO_2,鉄ヒ素物質:FeAs,窒化ハフニウム:HfN,およびグラフェン:C_6) を示した.このような構造ブロックを有する物質から発現する超伝導臨界温度は,銅酸化物系物質では $HgBa_2Ca_2Cu_3O_{8+\delta}$ で $T_c=134\,\text{K}$[61],鉄ヒ素系物質では $SmAsFeO_{1-\delta}F_\delta$ で $T_c = 55\,\text{K}$[62],窒化ハフニウムでは LiHfNCl で $T_c = 25\,\text{K}$[63],またグラファイトの場合は CaC_6 で $T_c = 18\,\text{K}$[64] の値が報告されている.これらの超伝導物質の中で,銅酸化物系物質と鉄ニクタイド系物質は,反強磁性 AF 相のすぐ近くに超伝導相が存在するという共通点を有していて,反磁性ゆらぎの重要性が指摘されている.2 つの超伝導物質において明確な違いは,銅酸化物系が Cu の d^9 単一バンドモット絶縁体相が母物質であるのに対して,鉄ニクタイド系物質では,Fe の d^6 マルチバンド金属相が母物質である事である.HfN 系物質の場合には,電子キャリヤ濃度を少なくしていった極限で T_c の増強が観測され,磁気ゆらぎの可能性が指摘されている.いっぽ

CuO₂   FeAs

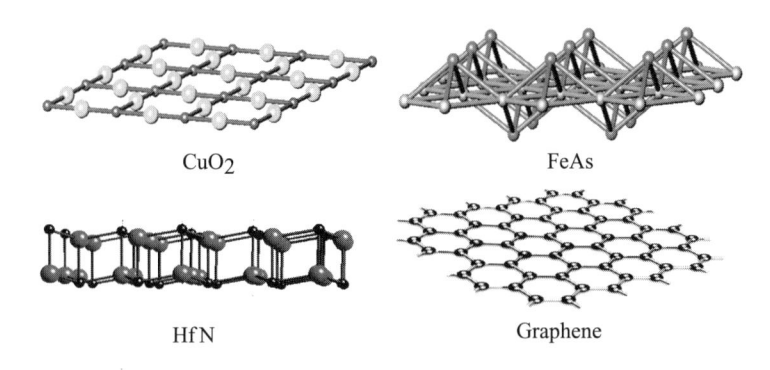

HfN   Graphene

図 5.8 超伝導物質における 2 次元構造単位

う，グラファイト層間物質においてはそのような可能性はなく，高い T_c の原因は層間バンド (インターバンド) の影響を含めたマルチバンドの影響として議論されている．

ナノ多面体クラスタ物質である C_{60} やシリコンクラスレート物質の場合には，高い対称性に起因してフェルミ準位の状態密度が高いことが，T_c が高い大きな要因のひとつと考えられている．ナノ多面体物質系超伝導体であるアルカリ C_{60} もクラスレート物質もフォノンを媒介とした s 波の BCS 超伝導体であることが確認されている[33,65]．いっぽう，銅酸化物系超伝導体やハフニウムナイトライド (HfN) 系超伝導体の場合には，少ないキャリヤ濃度にも関わらず高い T_c が達成されている事は，超伝導機構[*1] を議論するうえで重要であると考えられる．また，磁気秩序のゆらぎならびに磁気秩序の散乱の効果を反映して，通常の銅酸化物系超伝導体は d 波超伝導であり[66,67]，鉄系超伝導体は s 波でも符号反転を伴う s± 超伝導体の可能性が議論されている[68]．

最近，銅酸化物ならびに鉄ニクタイドと類似した相図が A15-Cs_3C_{60} (常圧で

[*1] 超伝導機構の理解として，超伝導がすでに形成された超流動粒子 (pre-formed boson) のボーズ–アインシュタイン凝縮 (BEC 的な考え方) により生じるという理解とクーパ電子対形成が同時にそのまま超伝導発現と同時に起こるとする (BCS 的な考え方) の理解の仕方がある[66]．近年までに行われた種々の研究を振り返ると BEC の考え方の方がより実験に則しているように思われる．μSR による超粒子濃度と T_c との相関関係，また種々の実験でしばしば観測される擬ギャップ形成はそのためとされる考えがある．もちろん，いずれの考えにおいても，クーパ電子対を形成する相互作用のエネルギースケールが重要であり，この問題を理解するためにはさらに詳細な研究が必要とされる．

モット絶縁体で圧力下で $T_c = 38\,\mathrm{K}$ の超伝導が観測される) でも得られる事が報告された[49]. A_3C_{60} 化合物においては多くのエネルギーは同程度の大きさとなることが知られている[*1]. これまでの研究により ω_{ph} は $0.2\,\mathrm{eV}$ までの広がりを示し, ω_{pl} は $0.5\,\mathrm{eV}$ 程度, W は $0.5\,\mathrm{eV}$ 程度, U は $0.8\sim1.3\,\mathrm{eV}$ 程度であることが明らかにされている. $W<U$ の状況は強相関電子系を示唆する[57,58]. このような観点から, C_{60} 物質の電子状態においては, 電子相関および電子—格子相互作用の競合ならびに 3 重軌道縮退による動的ヤーンテラー相互作用が重要な働きをしていることが指摘されている.

現状では, 超伝導物質において得られる T_c を予測する事はかならずしも容易ではない. 特に電子相間が超伝導と関係すると思われる場合には, 予測の基礎となる理論体系はいまだ発見されていないと言っても過言ではない. それに対して, 超伝導機構がフォノンを介する純粋な BCS 機構に従う場合は, エリアシュベルグ方程式に基礎をおき, 実際の実験データの評価を取り入れた半経験的なマクミランの表式が広く適用されている[69](4.2 節参照).

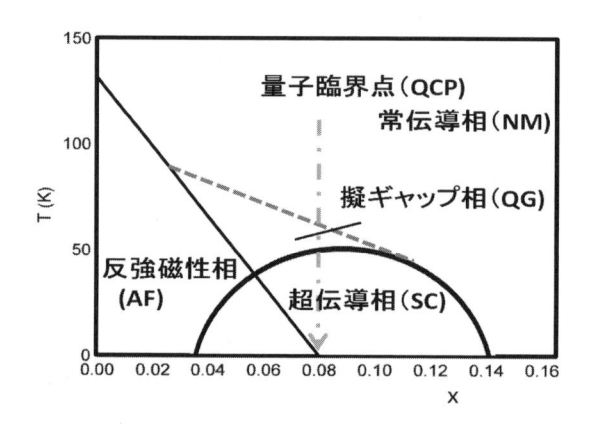

図 5.9 一般的に反強磁性 AF の近傍で観測される超伝導相図. AF 磁気秩序のゆらぎと超伝導との関係に関して, 活発に研究が行われている.

[*1] $\omega_{ph} \sim E_{JT} \leq \omega_{pl} \leq W \leq U$. ここで, U はオンサイトクーロン反発エネルギー, W はクラスタ間移動積分に起因するバンド幅, E_{JT} はヤーンテラーエネルギー, ω_{ph} はクラスタ内振動 (分子内フォノン) エネルギー, そして ω_{pl} はプラズモンのエネルギーを表す.

$$T_c = \frac{<\omega>}{1.45} \exp\left[\frac{-1.04(1+\lambda_{\mathrm{ep}})}{\lambda_{\mathrm{ep}} - \mu^*(1+0.62\lambda_{\mathrm{ep}})}\right] \quad (5.4)$$

ここで $<\omega>$ は超伝導電子対形成に関与するフォノンの平均周波数，$\lambda_{\mathrm{ep}} = N(E_{\mathrm{F}})V$ で $N(E_{\mathrm{F}})$ フェルミ準位における電子状態密度，V はフォノンと電子の結合定数を表す．例えば，C_{60} 系超伝導物質の場合には[*1)]，電子フォノン相互作用に重要な分子内フォノンは構造に対する依存性は比較的少なく，フェルミ面における状態密度は C_{60} 分子間の π 波動関数の重なりに強く依存するので，格子定数が大きくなるに従いバンド幅 W は狭くなりフェルミ準位における状態密度が上昇する．したがって，図5.10 に示すように，観測される T_c と構造との相関をある程度は理解することが可能である[40, 45~47)]．この描像では，電子相関 U の影響はほとんど現れないように一見みえる．しかし，奇数個のフィリング状態では金属で偶数個のフィリング状態は絶縁体になる事実は，電子相間 U が影響している事を強く示唆している．また，1.46 nm を超えた格子定数の大きな領域で急に金属相が消滅して，非超伝導体となる実験事実は本物質系を強相関系と解釈する事が妥当と思われる．

ナノ構造物質は構造階層性を有するために，様々な物理変数を独立に制御できる可能性を有している．ゆえに，新しい物性研究を遂行するために系統的な研究を進める事ができる．特に超伝導に関しては，室温超伝導などの可能性が残されている．超伝導を理解し発展させるために有用な多くの研究が，ナノ構造物質を使用して今後も続けられるであろう．

[*1)] C_{60} 系超伝導体の機構に関しては，初期の段階ではフォノンを媒介とした BCS 機構と純粋な電子間の相互作用によるクーパ対形成機構の両方が理論的に検討された[53, 54)]．しかし，比較的大きな ^{13}C 同位体効果が存在すること[55)]，およびアルカリ金属の同位体効果がほとんど観測されないこと[56)] から，フォノンを媒介とする BCS 的機構が重要であり，特に分子内高周波領域のフォノンが重要であるという意見が多数派である．A_3C_{60} 系物質で観測される比較的高い T_c の理由として，構造に対する依存性が少ない分子内フォノンが重要であるという結論は，実験的に求められたコヒーレント長がクラスタ間距離のオーダであるという事実とも矛盾していない．また，中性子回折により分子内フォノンの温度変化を検討した実験から得られた，比較的高い周波数のいくつかのフォノンが重要であるという結果とも矛盾しない．NMR の緩和時間の測定からは，超伝導状態は s 波の対称性を有すると考えられている．バンドフィリングと物性に関する詳細な関係は，C_{60} が奇数の価電子状態である 1，3，5 価の状態は金属であるが，偶数の荷電子状態である 2，4，6 価は絶縁体である．超伝導は 3 価の状態に特異的に発現する．

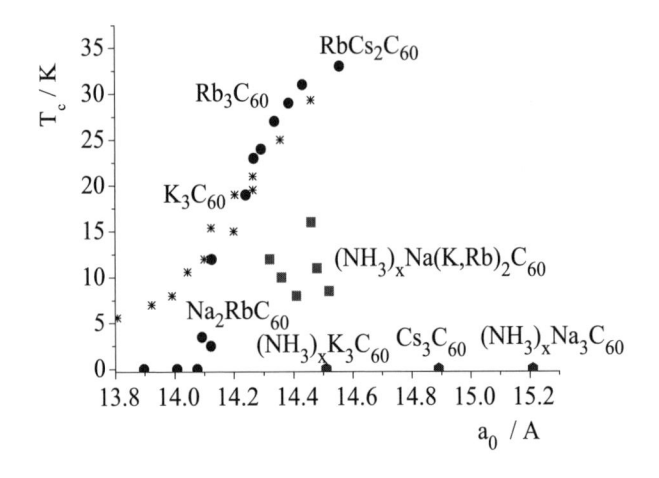

図 5.10 C_{60} 系超伝導体における T_c と格子の大きさの相関

文　　献

1) R. Kubo, J. Phys. Soc. Jpn. **17**, 975 (1962).
2) R. Ueda, Prog. Mater. Sci. **35**, 1 (1991).
3) H. W. Kroto et al., Nature **162**, 318 (1985).
4) W. Kratschmer et al., Nature **347**, 354 (1990).
5) S. Iijima, Nature **347**, 354 (1990).
6) E. C. Honea, Nature **366**, 42 (1993).
7) S. Botti et al., J. Appl. Phys. **88**, 3396 (2000).
8) J. L. Dye, M. G. Degacker, Annu. Rev. Phys. Chem. **38**, 271 (1987).
9) K. Hayashi et al., Nature **419**, 462 (2002).
10) Y. Nozue, T. Kodaira, T. Goto, Phys. Rev. Lett. **68**, 3789 (1992).
11) R. Arita et al., Phys. Rev. B **69**, 195106 (2004).
12) T. Inoshita, S. Ohnishi, A. Oshiyama, Phys. Rev. Lett. **57**, 2560 (1986).
13) Y. Maniwa, et al., Nature Materials **6**, 135 (2007).
14) K.S. Novoselov et al., Nature **438**, 197 (2005).
15) X. Du et al., Nature **462**, 192 (2009).
16) E. A. Ekimov et al., Nature **428**, 542 (2004).
17) E. Bustarret et al., Nature **444**, 465 (2006).
18) Nakada K et al., Phys. Rev. B **54**, 17954 (1996).
19) R.F.W. Herrmann et al., Phys. Rev. B **60**, 13245 (1999).
20) E. Dujardin, T. W. Ebbesen, H. Hiura, K. Tanigaki, Science **265**, 1850 (1994).
21) H. Hiura, T. Miyazaki, T. Kanayama, Phys. Rev. Lett. **86**, 1733 (2001).
22) K. Komatsu, M. Murata, Y. Murata, Science **307**, 238 (2005).

23) L. Gil, M. A. Ramos, A. Bringe, U. Buchenau, Phys. Rev. Lett. **70**, 182 (1993).
24) P. W. Anderson, B. I. Halperin, C. M. Barma, Philosophical Magazine **25**, 1 (1798).
25) B. C. Sales et al., Phys. Rev. B **63**, 245113 (2001).
26) S. Paschen et al., Phys. Rev. B **64**, 214404 (2001).
27) T. Rachi et al., Phys. Rev. B **72** 144504 (2005).
28) J.S. Kasper, P. Hagenmuller, M. Pouchard, C. Cros, Science **150**, 1713 (1965).
29) H. Kawaji, H. Horie, S. Yamanaka, M. Ishikawa, Phys. Rev. Lett. **74**, 1427 (1995).
30) T. Kawaguchi, K. Tanigaki, M. Yasukawa, Appl. Phys. Lett. **77**, 3438 (2000).
31) S. Yamanaka, E. Enishi, H. Fukuoka, M. Yasukawa, Inorg. Chem. **39**, 56 (2000).
32) C. Piskoti, J. Yarger, A. Zettle, Nature **393**, 771 (1998).
33) K. Tanigaki et al., Nature Materials **2**, 653 (2003).
34) H. Prinzbach et al., Nature **407**, 60 (2000).
35) K. Kirihara et al., Phys. Rev. Lett. **85**, 3468 (2000).
36) T. Wakabayashi, Y. Achiba, Chem. Phys. Lett., **190**, 465 (1992).
37) R. C. Haddon: Acc. Chem. Res. **25**, 127 (1992).
38) R. C. Haddon et al., Nature **350**, 320 (1991).
39) A. F. Hebard et al., Nature **350**, 600 (1991).
40) R. M. Fleming et al., Nature **352**, 787 (1991).
41) Q. Zhu et al., Nature **355**, 712 (1992).
42) M. Kobayashi et al., Solid State Commun. **81**, 93 (1992).
43) G. Saito et al., Synth. Met. **64**, 359(1994).
44) P. W. Stephens et al., Nature **351**, 632 (1991).
45) K. Tanigaki et al., J. Phys. Chem. Solids **54**, 1645 (1993).
46) G. Sparn et al., Phys. Rev. Lett. **68**, 1228(1992).
47) K. Tanigaki et al., Nature **356**, 419 (1992).
48) K. Tanigaki et al., Nature **352**, 222 (1991).
49) Y. Takabayashi et al., Science **323**, 1585 (2009).
50) H. Shimoda et al., Phys. Rev. B **54**, R15653 (1996).
51) A. R. Kortan et al., Nature **355**, 529 (1992).
52) Y. Iwasa, H. Hayashi, T. Furudate, T. Mitani, Phys. Rev. B **54**, 14960 (1996).
53) M. Schluter, M. Lanno, M. Needels, G. A. Baraff, Phys. Rev. Lett. **68**, 526 (1992)
54) C. M. Varma, J. Zaanen, K. Raghavachari, Science **254**, 989 (1991).
55) T. W. Ebbesen et al., Nature **355**, 620 (1992).
56) T. W. Ebbesen et al., Physica C. **203**, 163 (1992).
57) O. Gunnarsson, Rev. Mod. Phys. **69**, 575 (1997).
58) S. Suzuki, S. Okada, K. Nakao, J. Phys. Soc. Jpn. **69**, 2615 (2000).
59) M. Kosaka et al., Phys. Rev. B. **51**, 12018 (1995).
60) S. Saito, A. Oshiyama, Phys. Rev. Lett. **66**, 2637 (1991).
61) A. Schilling, M. Cantoni, J. D. Guo, H. R. Ott, Nature **363**, 56 (1993).
62) Z. A. Ren, Z. X. Zhao, Adv. Mater. **21**, 4584 (2009).
63) S. Yamanaka, K. Hotehama, H. Kawaji, Nature **392**, 580 (1998).
64) N. Emery et al., Phys. Rev. Lett. **95**, 087003 (2005).

65) V. H. Crepsi, Nature Materials **2**, 650 (2003).
66) Q. J. Chen et al., Phys. Rep. **412**, 1 (2005).
67) M. R. Norman, C. Pepin, Rep. Prog. Phys. **66**, 1547 (2003).
68) S. Graser et al., New J. Phys. **11**, 025016 (2009).
69) G. Biblo, W. L. McMillan, Phys. Rev. B **14**, 1887 (1976).

6 ナノチューブ

　ナノチューブは，炭素原子で構成された円筒状の物質で，グラフェンシートを丸めてできる，様々な径ならびに螺旋構造を有する一連の物質群である．炭素ファイバーとよばれる物質そのものは古くから知られていたが[1]，その当時はサイズの大きいスパイラル形式にグラフェンシートを巻いた構造の物質という認識もあり，1 nm 程度の筒状の物質が存在することで注目されたのは，1991年になってからである[2]．この物質が現在のような明確な形で世の中に知られるようになったのは，C_{60} などのフラーレンの存在が実験で正確に確認されたことが重要な契機となっている．この辺りのいきさつは，多くの成書に書かれている[3]．ナノチューブは，ナノテクノロジーと関係して多くの研究が行われている．本章ではナノチューブに関して構造，電子物性，応用などに関して記述する．

6.1　ナノチューブの合成と構造決定

　カーボンナノチューブは，基本的には他のフラーレン物質の合成と同様に炭素を気化させ成長させる．炭素原子の濃縮された気相環境を作るためには，アーク放電法・レーザーアブレーション法・溶媒蒸発法などの種々の方法がある．しかし，いずれの方法においても，ナノチューブを成長させるためには球形状のフラーレンとは異なり触媒が必要である．成長の過程でグラフェンシートを基本として柱状化した構造のナノチューブは種々の幾何構造を有する棒状の物質へと成長する．したがって，ナノチューブを純粋な物質として使用するためには，触媒の除去ならびに種々の形態の分離精製などを慎重に行うことが必要となる．

精製するための手法として，遠心分離法・溶媒沈降法・界面活性剤処理法・アミン系溶媒反応法など様々な手法が試みられている．現在では合成法は種々検討されて，高品質のものができるようにはなっているが，依然としてエレクトロニクス素材として使用するためには，多くの研究開発の必要性がある．ナノチューブは，基本的には図 6.1 に示すように，1 次元的形状を示す物質である[4]．したがって電子状態密度は，ブリルアンゾーンの境界で，図 6.2 に示すように，状態密度の発散が周期的に現れる 1 次元特有のファン・ホーベ特異性 (van't Hove singularity) を示す．

この状態密度の発散を利用すると，共鳴ラマン分光法を適用して励起波長依存性を測定することにより，エネルギーギャップで非常に強いラマンスペクトル強度の増強が観測される．その結果をバンド計算結果と比較することにより，存在するナノチューブの径と螺旋構造を決定することができる[5]．また，ナノチューブから発光が観測できる場合には，励起エネルギーと発光分布の 2 次元マッピングを描くことにより，存在するナノチューブの径と螺旋構造を高精度で決定することができる．

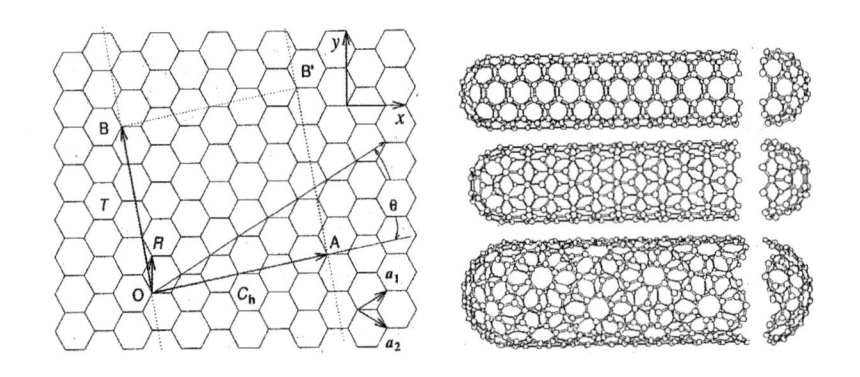

図 6.1 グラフェンシートとカーボンナノチューブ (CNT) の構造．文献[4]．左図に示すようにグラフェンの 1 点から様々な点に合わせて折り曲げる事により，右図に示す径およびカイラリティの異なるナノチューブが生成する (図は東北大学齋藤理一郎先生の御好意による)．

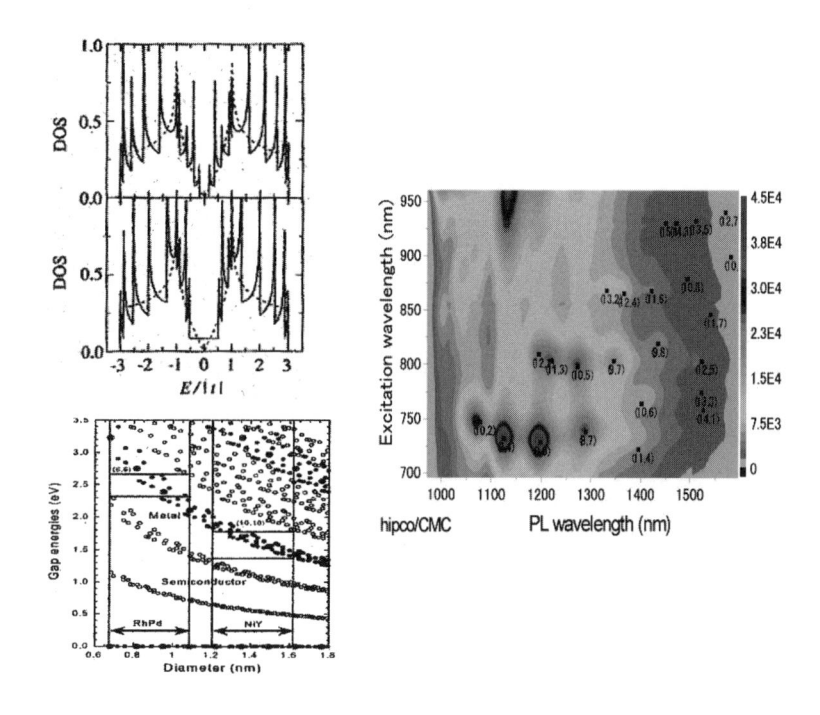

図 6.2 金属と半導体ナノチューブの状態密度図 (左上図),共鳴ラマン法を適用した片浦プロット (左下図)[5] より引用,励起エネルギーと発光エネルギーの 2 次元マッピング (右図)[6] より引用.

6.2 半導体エレクトロニクスとカーボンナノチューブ

　現代エレクトロニクス産業の発展は,1947 年のトランジスタ現象の発見[8] を出発点と考えることができる.トランジスタの機能がシリコン半導体材料が有する安定性および優れた加工プロセス性により,その後の微細加工技術の発展と共に,集積回路として現代エレクトロニクス技術の発展に大きく貢献することになったことは良く知られたことである.現在のエレクトロニクス産業で使用されている技術は,シリコン半導体材料が有する優れたトランジスタ機能とその絶縁酸化膜形成プロセスおよび微細加工プロセス特性によってもたらされている.現在のところ,シリコン半導体エレクトロニクスを越える革新的材料

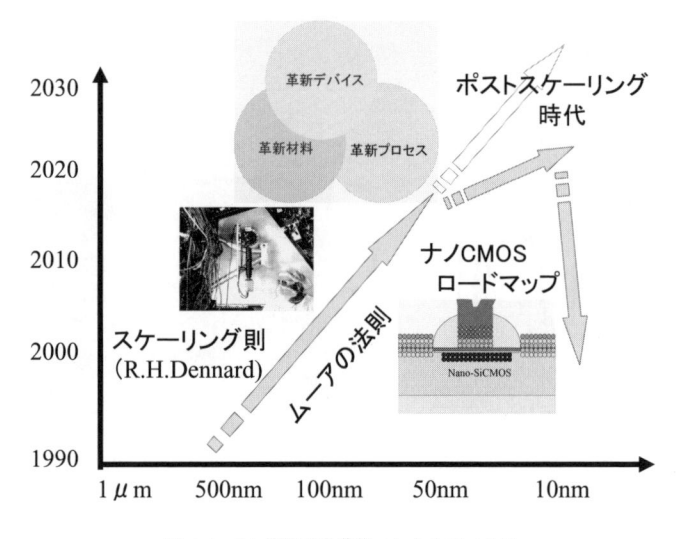

図 6.3 21 世紀の半導体エレクトロニクス

および革新的プロセス技術は開拓されておらず，図 6.3 に示すように依然としてシリコン半導体デバイスはダウンサイジングの進展を予測するムーアの法則 (Moore's Law)[*1] とともに，エレクトロニクス産業の発展に君臨し続けている．

いっぽう，このようなダウンサイジングによるスケーリングに基づくデバイスの高性能化と高集積化の進展は，2015～2030 年にかけてその限界に到達するという議論も同時に行われている．そのような状況に対応するために，20 世紀末から今世紀にかけて，シリコンテクノロジーを越えるポストシリコンエレクトロニクスとして，次世代エレクトロニクス産業を拓く新材料ならびに革新的プロセス技術が活発に探究されてきた．材料の観点からは，シリコン半導体に比較して易動度 (モビリティ) の高い化合物半導体，半導体のバンドギャップを広げパワーデバイスに対応するために，バンドギャップがシリコン半導体よりも大きい SiC 半導体およびダイヤモンド半導体などが次世代エレクトロニク

[*1] 最小部品コストに関連する集積回路におけるトランジスタの集積密度は，18～24 か月ごとに倍になる，という経験則である．インテルの共同創業者であるゴードン・ムーアが提唱した[7]．ゴードン・ムーアの意見はムーア自身によって「法則」と名づけられたわけではなく，カリフォルニア工科大学の教授で，大規模 LSI のパイオニアであり，実業家のカーバー・ミードによるものである．

ス材料として検討されてきた経緯がある．また，半導体の高性能化を基本物質およびそのプロセスを変えないで実現するために，構造の微小な改変で達成する試みが，歪構造半導体 (例：シリコン人工歪超格子物質や禁止帯幅を自然超格子で制御する ZnOSe など) において研究されている．化合物半導体は，超格子の概念と結びついて，高易動度トランジスタ (HEMT) やレーザ等の光半導体技術などの特殊技術として発展したものの，残念ながらシリコン半導体エレクトロニクスを凌駕し置き換えるような大きな革新技術とはなり得てはいない．

　半導体発展のロードマップに従い発展を続けてきたシリコン半導体デバイスも，原理的にも経済的にも微細化の限界を迎えようとしている．このため，シリコン半導体デバイスに代わる次世代半導体材料ならびにそれを用いた次世代デバイスの開発が強く望まれている．しかし，極めて優れた性能ならびにプロセス性を有するシリコン半導体を中心として進展してきた，これまでのエレクトロニクスデバイス技術の状況を考えると，シリコン半導体エレクトロニクスを凌駕するような次世代半導体材料の開拓および新しいプロセスの開発は極めて困難な課題でもある．

　電子デバイスに使用されるプロセス技術に関しては，図 6.3 に示すように，シリコン半導体において，超 LSI へ向けての急速に進展するダウンサイジングの波とともにナノリソグラフィー技術が急速に進展した．1980 年の時点での光リソグラフィーによる加工の限界であった $1\,\mu m$ が，その後の光学レンズ系の進歩ならびに深紫外光リソグラフィー，X 線リソグラフィー，電子線リソグラフィーなどのハード面の進歩によりこの 20 年間で $100\,nm$ を越え，$20 \sim 50\,nm$ が可能になろうとしている．$100\,eV$ のエネルギーを有する電子のドブロイ波長は，$1.2\,nm$ 程度である事を考えれば，微細加工技術としては限界に近づいてきていると言える．いっぽう，20 世紀の終わりに見出された，電子のトンネル現象を利用した走査トンネル顕微鏡 (STM) や原子間に働く力を利用した分子間力顕微鏡 (AFM) など原子操作技術の進展は目覚しい．実際にこれらの技術革新により，原子レベルで物質を観測し，原子を 1 個ずつ自由に動かす事が現実に可能となった．これらの技術によって，従来は "理論的には観測されるであろう" と考えられていた種々の量子現象を実際の実験で確かめる事ができるようになってきた．

　しかし，実際に原子操作技術を用いて原子を並べて，量子現象を実験で確認

できる構造体を作成するには膨大な時間と労力が必要である．また，形成の過程で欠陥が存在すれば，電子の波動関数は欠陥の回りに局在化してしまい，量子現象を観測するには不都合な状況となってしまうであろう．このような困難を乗り越えた STM を用いた最初の実験は，1990 年初期に IBM 研究所で行われた実験である．STM を駆使して，ケイ素や金などの半導体原子や金属原子を線状やリング状など様々な形状に並べて，その構造物の電子状態を観測した[9]．このような研究はその後，多くの研究機関で精力的に進められ，現在では STM により金属接点のコンダクタンスが，$(2e^2/h)$ を単位とした量子現象を示すという量子コンダクタンスが実験で観測されている．

しかし，シリコン半導体とならんで多くの魅力があるダイヤモンドは，現状ではエレクトロニクスデバイスとしては用いられていない．この理由は，シリコン半導体はエピタキシャル成長・熱酸化絶縁膜形成・細線加工などのプロセス性が極めて良いのに対して，ダイヤモンドではこれらのプロセス性が悪いからである．機能的に優れていて，地球上に豊富に資源がある炭素物質がエレクトロニクスデバイスに適用されるためには，微細領域でのプロセス性が重要であることがわかる．近年，炭素クラスタの発見を契機として発見された新しい物質であるカーボンナノチューブ (CNT) は，多くの可能性を秘めた材料である．CNT はエレクトロニクス産業へ応用した場合，既述した半導体ロードマップにおけるダウンサイジングの極限において，シリコン半導体の次の世代の電子デバイスとして適用されることが期待されている．

6.3 CNT の電子物性

ナノ素材としてのナノチューブの合成方法・構造評価方法・物性に関しては，すでに多数の本が出版されて詳しく記述されているので[4]，ここではデバイスへの応用の観点からナノチューブの物性を整理する．

(1) **軽量性**——炭素は，周期律表で第 2 周期 IV 族元素であり，結合の多様性を有する元素の中で一番軽い．

(2) **高弾性力性**——ケージ物質であるので，弾力性・復元性に富んでいる．

(3) **高強度性**——グラファイトのネットワークを基本構造としているので，チューブの軸方向に関する強度が著しく大きい．

(4) 籠構造に内部空間—特異形状および包摂現象を基本としたキャリヤ注入や，触媒機能および水素などのエネルギー蓄積の可能性がある．

(5) 多様な電子物性—幾何学構造に依存して，金属，半導体，絶縁体と多様な電子物性を示す．

(6) サブナノメートル領域の材料であり，位相干渉長が長い[*1]．

これらの物性の中で，量子細線等の量子電子デバイスの観点から注目すべき特性は，(4) 〜 (6) 番目の項目である．同一の物質で構造のわずかな変化だけで，電子物性を制御できることは，他の半導体では類をみない特徴である．また，籠状の内部空間の存在により，内部空間を利用したキャリヤ注入という新しい化学的な方法を適用することが可能となる．しかし，別の観点からは，この多様性があることが，構造制御が困難でエレクトロニクスデバイスへ適用する場合にその可能性を阻害する大きな原因ともなっている．いっぽう，スピン拡散長が長いので，スピン偏極したキャリヤをその位相を失うことなく伝達できる．したがって，従来の電子およびホールのキャリヤ電荷だけを対象にしたトランジスタを越えて，電子のスピン状態を電気的に制御してトランジスタ動作を行うスピン注入トランジスタ[10]への発展が期待される．

ナノチューブは，グラファイトシートを種々の方向へ巻いた1次元性を有する構造物である．その特徴は，単層ナノチューブの場合に径は1nm程度と極めて細い事，また6員環の配列が螺旋構造になり得る事である．したがって，ナノチューブの幾何構造は，六方格子の基本格子ベクトル a_1, a_2 を用いて，カイラルベクトル (n, m): $C_h = na_1 + ma_2$ で表す事ができる．したがって，ナノチューブの径にそった方向での周期境界条件による量子化により，ある特定の許された波長の電子の波だけが存在する事ができ，径にそった方向では電子準位の量子化が生じる．いっぽう，ナノチューブに平行な方向への量子的閉じ込めはないが，1次元ファン・ホーベ特異性 (van't Hove singularity) が生じる．したがって，ナノチューブ構造の1次元性を反映して，理想的なナノチューブの電子状態は広いバンド状態ではなくて，1次元に特有な多くのサブバンドの

[*1] 量子力学的な相互作用を生じるためには，波動の位相情報が重要な役割をする．このような位相情報が減衰しないで伝達する距離を示す．

集まりで表されるバンドとなる.これらのサブバンドの離散状態は,1eV程度で十分に離れていて室温の温度エネルギー $k_BT = 0.025\,\mathrm{eV}$ よりはるかに大きい分離を示す.したがって,フェルミ準位近傍では,2つのサブバンドだけが主に関与しており,金属ナノチューブの場合には,伝導性はこれら2つのサブバンドの状況で決定されると近似的に考えても差し支えない.

実際に1次元性特有の特異性による状態密度の発散が観測される事は,デルフト工科大学のグループならびにハーバード大学のグループにより,走査トンネル顕微鏡 (STS:Scanning Tunneling Spectroscopy) による I–V 測定により直接確認された[11].また,このような状態密度の発散と関連して,種々の電子状態を示すカーボンナノチューブが存在するという事実は,非共鳴／共鳴ラマンを測定により観測され,バンド計算との良い対応が得られている[4].

一般には,1次元金属はパイエルス転移 (CDW) とよばれる金属―絶縁体転移を起こす事が知られている (3.4参照).しかし,ナノチューブでは,金属―絶縁体転移が生じる可能性は低いことが指摘されている.その理由として,円筒形状を反映して,原子変位に伴うエネルギー損失が大きく,フェルミレベル近傍の2つのサブバンドが関与するバンド再構成におけるエネルギーの利得が小さいことがあげられる.

先に述べたように,多様な構造が存在してその幾何に依存して電子状態が大きく変化することは,物性論としては興味深いいっぽう,多種多様な構造を制御して所望の構造のCNTを作り出すことは困難を伴う.このことがCNTをエレクトロニクスへ応用する上で重要な問題となっている.1990年代後半に入り,多くの研究者の努力により,多層ナノチューブや単層ナノチューブの品質が大きく向上してきている[12].最近では,種々の界面活性剤を用いることにより,CNTを分離分別精製して高品質のCNTを作りだそうとするいくつかの試みが行われているが,エレクトロニクスへの応用が必要とされる高品質の物質を多量に得るには,まだ多くの年月を必要とするように思われる.

6.4 ナノチューブの電子デバイスへの道

シリコンなど従来の真性半導体では，電気伝導を生じさせるために，不純物ドーピングを行う．不純物を導入した場合には，不純物がエネルギー準位を作るのに必要な不純物回りの空間は一般に 10 nm 程度であるので，ナノメータレベルの量子細線デバイスは通常の不純物半導体素材では困難となる．ナノチューブの特徴は，ドーピングをしなくても幾何学構造の変化だけで，金属ナノチューブ，狭い半導体ギャップのナノチューブ，広い半導体ギャップのナノチューブ (絶縁体的チューブ) と電子物性を変化させる事ができる．したがって，不純物ドーピングを必要としないので，ナノチューブそれ自体の大きさを極限とする量子デバイスが可能となる．幾何構造だけで，種々の電子状態の変換が可能となる重要な意義は，純粋な炭素原子からだけから作られる素子を用いた全炭素電子デバイスが可能となる事である．例えば，金属と絶縁体の 2 つのカーボンナノチューブを同心とする 2 層のチューブ構造体を作成すれば，炭素原子のみから構築される微小被服導線を作る事が可能である．また，金属ナノチューブと半導体ナノチューブを結び付ければ，金属—半導体接合を基本とする電子デバイスを設計する事ができる．径と螺旋構造に依存した，微妙な構造変化を制御するだけで，金属から半導体へと極めて大きな電子状態の変化が得られる．

CNT 構造の特徴は，図 6.4 のグラフェンシートを丸めた炭素系物質であるのでシリコンなどの無機半導体で通常行われる元素置換以外に，CNT の表面

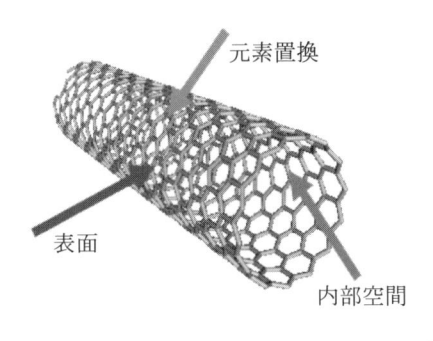

図 6.4 CNT の構造の特徴とキャリヤ制御をするためのドーピングサイト

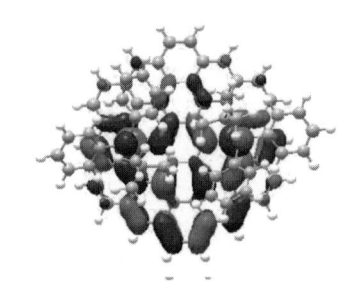

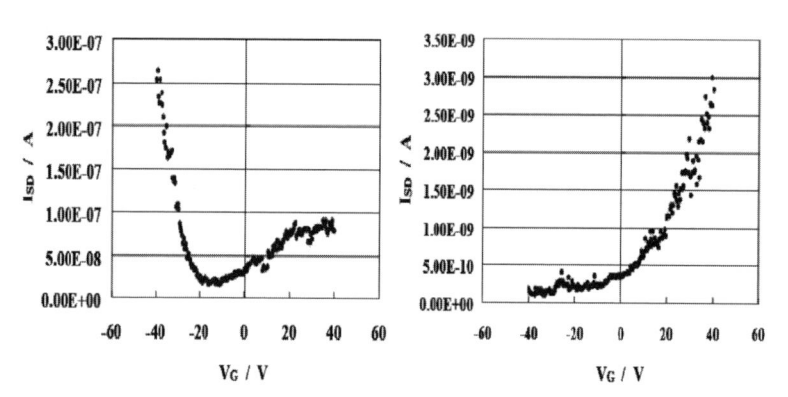

図 6.5 CNT は,多くの場合酸素によるドーピングの影響で p 型半導体となる.しかし,キャリヤ制御をすることにより n 型半導体ともなる.

および内部空間の利用が考えられる.表面修飾は,有機分子半導体の修飾と同様の方法でキャリヤ変化を達成する方法である.内部空間を利用すると,CNTの内部に導入した種々の原子および分子によりキャリヤ制御が可能となる[13, 14].このような関連研究は,CNT を分散させた溶媒から基板へキャストした CNT薄膜を対象として多くの研究が進められている.

表面修飾による CNT のキャリヤ制御の例として,フェニルシリル基を付与した CNT の例 (図 6.5) がある[15].電子供与性が比較的強い置換基であるので,表面の修飾あるいは物理吸着させた場合,置換物から CNT へ電子を移動させることが可能である.この性質を利用すると,通常は**電界効果型トランジスタ**において p 型の特性を示す CNT が,シリル基を付与することで n 型に変換できる.内部空間を利用したキャリヤ導入としては,アルカリ金属などを内部空

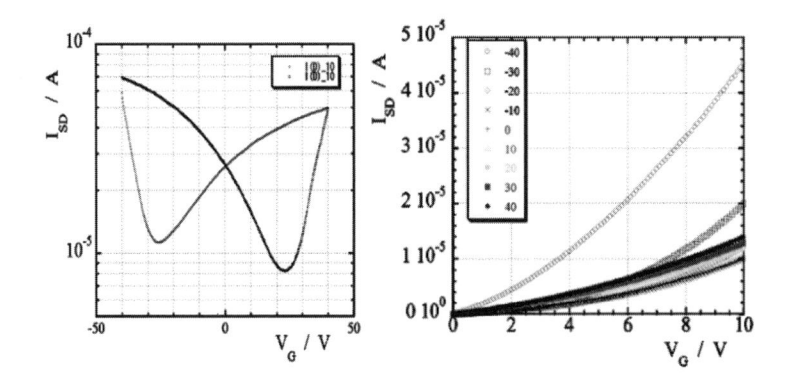

図 6.6　CNT を用いた FET で観測されるヒステリシス現象．実際に CNT を電子デバイスへ応用する際の大きな問題となる．

間に導入した CNT の例がある．しかし内部空間とはいえども，アルカリ金属を導入した CNT は空気中で不安定である．そこで，このような状況を改良する方法として有機電荷移動錯体に用いられるドナーやアクセプターを CNT に導入する研究が報告されている[13]．また，理論計算においては，種々のフラーレンを CNT 中に導入した系が数多く計算されている[16]．シリコン半導体のように CNT の炭素元素を直接置換する方法に関しては，B や N による CNT の置換が検討されているが，その合成制御性は依然として困難な状況にある．

　CNT を FET へ適用した場合，欠陥が大きな影響を及ぼす代表的な例として認識されているのが，ヒステリシスの問題である[17]．図 6.6 に，CNT-FET におけるヒステリシスの例を示した．この例では，CNT として高品質の代表的な HiPCo (High-Pressure-Co-catalyst 条件で合成した CNT) を薄膜トランジスタとして使用している．図右上に示されるように，ゲート電圧に対して感度良く機能して易動度も高く，トランジスタとして良好に機能している．また，この図左に示されるように，CNT-FET ではナノチューブの微小なバンドギャップを反映して，ゲート電圧 V_G に対して両極性特性が観測される．同時に，ゲート電位を変化させる方向で大きなヒステリシスが観測されることがわかる．このような大きなヒステリシスは，CNT を FET として適用する場合に大きな問題となる．ヒステリシスの原因はいろいろと議論されているが，CNT 表面と

ゲート電極の界面近傍に形成される電荷蓄積層が存在することがその主要な原因であると考えられている．FET においては，界面は非常に重要な機能を果たすので，わずかな量の界面準位の存在でも，このような大きな問題となってしまう．ヒステリシスを軽減するために種々の検討がなされているが，現在のところ決定的な解決策は見出されていない．

　CNT の特徴は，有機物特有の高いフレキシビリティーとその高いモビリティーにある．しかし現況では，試料には金属状態の CNT が含まれているために，その特徴が十分に活用した研究が展開されているわけではなく，様々な方法で金属 CNT を取り除く必要がある．金属 CNT では，電場を与えても大きな電気分極が生じずキャリヤの注入および蓄積ができないからである．研究の初期の段階では，微小炭素の微粒子を除くために燃焼や過酸化水素水を用いた酸化反応の速度を利用して精製した[18]．その後，遠心分離操作を利用して CNT を精製する研究が数多く行われている．最近では，種々の半導体 CNT を分離精製するために，界面活性剤およびその CNT への化学/物理吸着を利用した精製が検討されている[19]．しかし金属 CNT と半導体 CNT の分離を完全に行うことは依然として困難な状況である．

　電子デバイスとして CNT を利用する場合には，CNT の幾何学的な種類の多さに加えて，欠陥の問題がある．現在の状況で実際に入手することができる CNT には多くの欠陥が含まれている．グラフィックなどで掲載される CNT の図は欠陥を含まない理想的な図である．図には表現されていない種々の欠陥が CNT には含まれている．このような欠陥は，モビリティーを著しく低下させたり，固体中に磁性不純物を形成する傾向がある．特に，グラフェンの端が存在すると，その幾何学的構造に依存して，強磁性状態などの特別な磁気的状況が生み出される．この端の状態は利用することが可能である反面，電子デバイスとして大きな問題となる可能性も多々ある．

6.5　CNT における量子伝導とスピン偏極

　CNT の合成技術の進展により，単一層だけの CNT が得られ，図 6.7 に示すような高度の微細加工技術を適用して，従来は混合状態で測定されていた CNT の電子物性を孤立した系として測定できるようになってきた．デルフト (Delft)

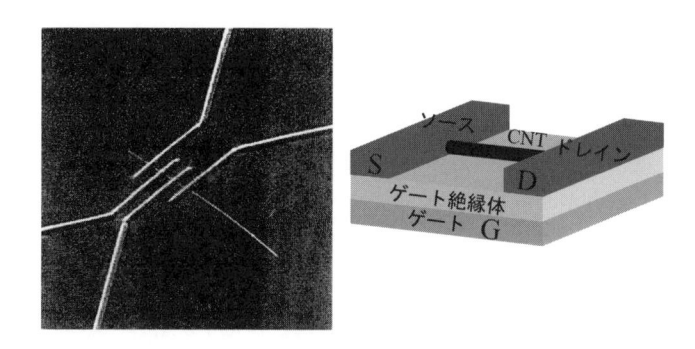

図 **6.7** 微細加工を利用した 1 本の CNT の電気特性系 (写真はストラスブール大学 Ebbesen 教授の御好意による)

大学のグループおよびバークレイ (Berkeley) 大学のグループにより，独立に単一層 CNT (SWCNT) を電極に固定して，その抵抗を測定する実験が行われた[20, 21]．これらの実験で，**単一電子デバイスの基本となるクーロン・ブロッケイド現象**が，CNT ではじめて観測された．その後ジョージア (Geogia) 工科大学により，$G_0 = 2e^2/h$ を単位とするバリスティック伝導固有の**コンダクタンスの量子化現象**が観測されている[22]．このような最近のナノチューブの伝導度測定結果からは，ナノチューブ内の電子は十分に非局在化した波動関数で記述され，バリスティック領域の量子伝導を特徴とする**量子細線**へ適用できる可能性が示唆される．

ここで，クーロンブロッケイドに関して簡単に説明しておく．電子がいっぽうの電極から 1 個ナノチューブへ導入される状況を考えると，ナノチューブには $E_\mathrm{C} = e^2/(2C)$ (ここで C は静電容量を表す) の静電エネルギーが蓄積される事になる．このエネルギーは室温における熱エネルギー $k_\mathrm{B}T$ と比較すると非常に小さいので，通常の導体では問題になる事はなく，電子はオームの法則にしたがってもういっぽうの電極に移動する事になる．しかし，導体のサイズが微細になり C が小さくなると E_C は無視できなくなる．また温度を極低温にして，熱エネルギー $k_\mathrm{B}T$ を極めて小さくした状況でも E_C は無視できなくなる．この場合には，電子を導体へ移動させるためにはこの増加する静電エネルギー E_C を何らかの方法で供給する必要がある．この際供給するエネルギーが十分

でない場合，エネルギー保存則から電子は移動できなくなる．したがって，低バイアス電圧の状態では伝導は生じない．このようなクーロン力で生じる伝導の阻害がクーロンブロッケイドと呼ばれる量子現象である．このような状況下で，第3の電極(ゲート電極)に正の電位をかけると電気的に中性であった導体は負に帯電した方がエネルギー的に安定になる．このバランスを越える電圧をゲート電極に付与すると電子が1個だけ導体へ移動する．ゲート電圧が導体の電荷が $-e$ になる電圧のときに，電子はさらにもういっぽうの電極に移動して伝導が生じる．電圧を上げ続けていくと2個目の電子が導体内の電子が $-e$ から $-2e$ になる過程で再度，クーロンブロッケイドが働きまた同様の状況が繰り返される事になる．したがって，ゲート電圧を増加させていくと，電子は1個ずつカーボンナノチューブに加えられていく．この現象は，単一トンネリング素子の基本となる機構である．

実際の実験では，電極が微細加工技術を用いて作成されている基板の上にカーボンナノチューブをばらまいて，その位置を STM で観測して偶然に2つの電極にわたって位置している1本のチューブを見つけるという手法を用いている．さらに，洗練された手法では，図6.7に示すように，基板に単一で分散されてナノチューブを電子顕微鏡で位置の確認をした後，そのアドレスの位置にイオンビーム蒸着やレジストを使用したリフトオフプロセスなどを利用して電極を形成する．このように準備された CNT を対象として，mK の温度で伝導度測定を行うという実験を再現性を重視して繰り返している．ソースとドレイン電極の間に静電的に結合している種々のゲート電極の電圧下で観測される V–I 曲線を測定すると，その際に流れる電流は第3番目のゲート電極を用いて静電的にカーボンナノチューブに与えられた電圧に依存する．この際クーロンブロッケイドの影響で，ゲート電圧に依存して電流が階段状に変化して流れる．この実験結果の解釈は，CNT における伝導は量子化された離散的な電子準位レベルを通して共鳴トンネリング現象により生じるというものである．実験で観測されるこの量子化されたエネルギー準位の分裂は，0.4 meV である．CNT における電子の波動関数がチューブ全体にわたって広がっていると考えて，1次元量子井戸型ポテンシャルの長さ L を電極間におかれたチューブ長さ $3\,\mu\mathrm{m}$ として計算した場合の量子化されたエネルギー準位の分裂は，$\Delta E = h v_\mathrm{F}/(2L)$ から 0.6 meV 程度と見積もられ，実験値を良く説明する．この事は電子の波動関

数は局在しておらず，数 μm の距離にわたって空間的に非局在化している事を意味している．クーロンブロッケイドの現象は，拡散領域およびバリスティック領域の両方で観測される量子伝導現象であるが，上述した解釈から CNT はバリスティック領域の量子細線として使用できる可能性を秘めていると考えられている．

一般に，電極材料が強磁性体である場合には電極と接合されている非磁性体物質に注入された電子は，その強磁性体における電子スピン配向のためにスピン偏極している．すなわちアップスピンとダウンスピンの差が存在する．このスピン偏極した電子が非磁性金属に注入された時，散乱の影響を受けずにスピン偏極を保持したまま非磁性体金属中を伝導して，あるいは非磁性体絶縁物が非常に薄い場合にはトンネリングして，別の強磁性体の電極へ注入される．この時，強磁性体電極間のスピン配向の関係に依存して，2つの電極のスピン配向方向が同じであれば抵抗は小さく，2つの電極のスピン配向方向が異なれば抵抗が大きいというように，抵抗がスピンに依存して変化する現象は，磁気抵抗効果のひとつである．後者の現象は，これまでトンネル磁気抵抗 (TMR：Tunnel Magneto Resistance) 効果として知られており，Ni/Co/Ni 人工接合物質のトンネル接合において観測させている．しかし一般には，スピン偏極状態で非磁性金属に注入された電子が非弾性散乱の影響を受けずに，スピン偏極を保持したまま別の強磁性電極へ注入されるような散乱の少ない伝導物質は極めて少ないので，このような目的のためには超伝導物質が用いられる．しかし，極めて散乱の少ない量子伝導物質があれば，この目的に使用する事が可能となる．ナノチューブでは，電子の波動関数は大きく広がっており，量子効果により散乱が極めて少ないので，このスピン磁気抵抗素子の研究に用いる事ができる．

スピン偏極と関係した実際の実験は，理研―日立ケンブリッジ研究所のグループによって行われた[23]．実験では，位置決めのためのマーカーをあらかじめ基板上へ付けておいたシリコン基板上に，Co を強磁性体電極としてレジストを用いた微細加工技術を利用して周期的にパターニングしておく．そしてその上に多層ナノチューブを分散させて，電子顕微鏡でマーカーを頼りとして，2つの電極間の偶然に置かれたナノチューブを見出して，抵抗の変化を磁場掃引しながら測定するというものである．その結果，磁場を掃引する方向に依存したヒステリシスをともなう大きな抵抗の変化が観測されている．

6.6 ナノチューブの総括

　従来の物質では，幾何学的な構造変化で多彩な電子物性を実現することは非現実的であった．CNT を電子デバイスへ適用する重要な特徴は，従来のようなキャリヤ導入技術ではなく，CNT の幾何学的性質を電子物性へ適用することにある．しかし，CNT が有する幾何学的な多様性のために，CNT の高純度化が困難になり，多くの精製技術が必要な状況を生み出している．次世代半導体として，CNT が注目を集めてからすでに 15 年以上が経過してなお，この CNT の高純度化という問題は解決されていない．重要なことは，本章でも述べたように，CNT が高いフレキシビリティー，高いモビリティー，次元性と関係した特異な電子状態を有するという事実であり，これは従来の物質では得られない CNT が有する特別な性質である．どのような物質でも，それが実際のデバイスへ使用されるようになるまでには，多くの時間と研究者・開発者の忍耐が必要である．近い将来，私たちにとって最も親しみのある炭素という原子だけから構築される，全炭素量子デバイス (ACED：All Carbon Electronic Devices) が，固体物性の世界だけではなく，実際に電子デバイスとして使用される日がくることを期待したい．

文　　献

1) R. Bacon, J. Appl. Phys. **31** 283 A(1960).
2) S. Iijima, Nature **354**, 56 (1991).
3) 篠原久典,「ナノカーボンの科学」(ブルーバックス B-1566，講談社，2007 年)
4) R. Saito et al. eds., *Physical Properties of Carbon Nanotube* (Imperial College Press, 1998).
5) H. Kataura et al., Synth. Met. **103**, 2555 (1999).
6) S. M. Bachilo et al., Science **298**, 2361 (2002).
7) G. Moore, "Cramming more components onto integrated circuits", Electronics Magazine April **19**, (1965).
8) Invention of Transistor, The American Physical Society - APS News Online, November 2000 edition：URL: www.aps.org/apsnews/1100/110004.html.
9) McGraw-Hill Yearbook of Science and Technology (McGraw-Hill), pages 320-322 (1999).
10) I. Zutic, J. Fabian, S. Das Sarma, Rev. Mod. Phys. **76**, 323 (2004).

11) J.W. G. Wilder et al., Nature **391**, 59 (1998).
12) L.M. Ericson et al., Science **305**, 1447 (2004).
13) T. Takenobu et al., Nature Materials **2**, 683 (2003).
14) O. Zhou et al., Acc. Chem. Res. **35**, 1045 (2002).
15) R. Kumashiro et al., J. Phys. Chem. Solid **69**, 1206 (2008).
16) S. Okada, S. Saito, A. Oshiyama, Phys. Rev. Lett. **86**, 3835 (2001).
17) W. Kim et al., Nano Lett. **3**, 193 (2003).
18) P.M. Ajayan et al., Nature **362**, 522 (1993).
19) H. Kataura et al., Jpn. J. Appl. Phys. **37**, L616 (1998).
20) S.J. Tans et al., Nature **386**, 474 (1997).
21) M. Bockrath et al., Science **275**, 1922 (1997).
22) S. Frank et al., Science **280**, 1744 (1998).
23) K. Tsukagoshi et al., Nature **401**, 572 (1999).

7 ナノ磁性物質

電気伝導は Au, Ag, Cu などの元素からなる代表的金属固体から発現し，磁性は d-ならびに f-ブロック元素を含む固体から発現する物性であると理解されてきた．ところが最近では，炭素を中心とする有機物から高い電気伝導ならびに超伝導を示す物質が存在することが発見された[1~3]．いっぽう，磁性に関しては，新しい磁性体を s, p–電子系の炭素だけから創成する研究が開始された[4,5]．純粋な有機物だけから構成される初めの強磁性体は1991年に発見されている[6]．

7.1 伝導と磁性

はじめに，ナノ物質の磁性体を記述する上で，電気伝導および磁性に関して簡単に概観する．電気伝導はスピンと電荷をともなうフェルミ粒子が運ぶ電荷の流れであり，磁性は電子スピンが示す量子力学的物理量である磁気モーメントが配列することにより，マクロの世界で物性として顕在化したものである．電子が遍歴する過程で2つの電子が同じ空間を占有すると，2つの電子間にクーロン反発エネルギー U が働き電子の移動を妨げる．したがって，電気伝導体であるためには電子の移動のし易さを表す移動積分 t と U との大きさの関係がまず重要となる．いっぽう，磁性を発現させる電子スピンの配列の最も重要な機構のひとつは，多数の電子スピン間に働く量子力学的交換相互作用であり，一般的にはハイゼンベルグ型ハミルトニアンで記述される．この交換相互作用は，直接的磁気相互作用として知られ，多くの磁性体は通常この機構にその基礎をおいて理解される．ここで，ナノ磁性を説明する前に，磁性と伝導に関してモデルハミルトニアンを用いて，磁性の観点を中心として整理しておくことは有益であろう．

7.1 伝導と磁性

電子相関を入れたモデルハミルトニアンは,

$$\mathcal{H} = \sum_{k,\sigma} \epsilon_k c_{k\sigma}^\dagger c_{k\sigma} + \sum_{k,\sigma} t_{k_i,k_j,\sigma} c_{k_i,\sigma}^\dagger c_{k_j,\sigma} + \sum_{k,\sigma} U n_{k_i,\uparrow} n_{k_j,\downarrow}$$
$$+ \frac{1}{2} \sum_{\sigma,\sigma'} \sum_{l_1,l_2,l_3,l_4} c_{l_1,\sigma}^\dagger c_{l_2,\sigma'}^\dagger V_{l_1,l_2,l_3,l_4} c_{l_3,\sigma'} c_{l_4,\sigma} \qquad (7.1)$$

と記述できる.今,同一軌道上のクーロン斥力 U の第 2 項までを考慮して,最後の異なる軌道上の電子相関 (2 電子クーロン積分) の項を無視すると,有効ハミルトニアン[*1)] として,

$$\mathcal{H}_{\text{eff}} = \frac{4t^2}{U} \left[\vec{S}_i \cdot \vec{S}_j - \frac{1}{4} \right] \qquad (7.2)$$

が得られる.この場合,相互作用定数は $\frac{4t^2}{U}>0$ であるので,電子スピンの配列は,反強磁性相互作用である.

いっぽう,式 (7.1) において最後の項である 2 電子クーロン積分項だけを取り出して考えてみる.この項の基底関数として,$c_{1\uparrow}^\dagger c_{2\uparrow}^\dagger |0\rangle$,$c_{1\downarrow}^\dagger c_{2\downarrow}^\dagger |0\rangle$,$\frac{1}{\sqrt{2}}(c_{1\uparrow}^\dagger c_{2\downarrow}^\dagger |0\rangle + c_{1\downarrow}^\dagger c_{2\uparrow}^\dagger |0\rangle)$,$\frac{1}{\sqrt{2}}(c_{1\uparrow}^\dagger c_{2\downarrow}^\dagger |0\rangle - c_{1\downarrow}^\dagger c_{2\uparrow}^\dagger |0\rangle)$ を採用すると,前の 3 つの基底関数と最後の基底関数の固有値はそれぞれ $E = K - J$, $K + J$ となる.ここで,K は古典的なクーロン 2 電子反発積分で,J は電子の交換による量子力学的なクーロン交換積分である.これは良く知られた結果で,3 重項状態 ($S = 1$, $S_z = -1, 0, +1$) の方が 1 重項状態 ($S = 0$) よりもエネルギーが $2J$ だけ低いという結果を与える.したがって,2 電子の交換相互作用は電子スピンを強磁性的に配列させる効果がある[*2)].この結果は,有効ハイゼンベルグハミルトニアン

$$\mathcal{H}_{\text{eff}} = -J \left[\vec{S}_i \cdot \vec{S}_j - \frac{1}{4} \right] \qquad (7.3)$$

として,同様の結果を記述する事ができる.したがって,実際の系において電子スピン配列により発現する磁性は,オンサイト U とインターサイト V (J お

[*1)] 有効ハミルトニアンとは,低エネルギー領域の現象に関して,もとのハミルトニアンと同じ物理的描像を与えることのできる簡単化したハミルトニアンを意味する.
[*2)] この状況は,2 つの電子が直交する異なる軌道を占有する場合の議論であり,そうでない場合にはもう少し複雑な議論を必要とする.

およびK)のクーロン反発相互作用が関係して[*1]，式 (7.2) と (7.3) の両式が関係した形式として表現される．U ならびに V が電子の局在性を与える物理的変数であるのに対して t は電子の遍歴性を与える変数である．

用いたモデルハミルトニアンを正確な全系のハミルトニアンとの関係から論じておくことは有益であろう．簡単な記述として2つの軌道に全体として電子が2個存在する場合のハミルトニアンをボルン–オッペンハイマー近似 (Born-Oppenheimer approximation)[*2] のもとに記述して伝導と磁性を考えてみる．そのような完全なハミルトニアンは，次のように記述される．

$$\mathcal{H} = \sum_{i=1,2, I=1,2} \left(-\frac{\hbar^2}{2m_e}\nabla_i^2 - \frac{Ze^2}{4\pi\epsilon_0 \overline{r_i R_I}} \right) + \frac{e^2}{4\pi\epsilon_0 \overline{r_1 r_2}} + \frac{Z^2 e^2}{4\pi\epsilon_0 \overline{R_1 R_2}} \tag{7.4}$$

ここで，r, R はそれぞれ電子の座標ならびに核の座標を表す．他の記号は通常の表記に即して記載した．この中で括弧内の第1項と第2項は1電子ハミルトニアン h_i であり，モデルハミルトニアンでは，移動積分 ($-t$) などの変数を用いて記述される．最終項は，電子に依存しない核の反発エネルギーを表し，通常の計算では定数項 E_R として取り扱うことができる．残った項 $g(i,j) = \frac{e^2}{4\pi\epsilon_0 \overline{r_i r_j}}$ が2電子相関に関係する項で磁性などの起源となる相互作用である．

全系のハミルトニアンが記述できたのであるから，波動関数が分かれば系のエネルギー準位を知る事ができる．このような電子状態を記述する基底波動関数に関しては，**価電子結合法** (VB：Valence Bond Method) と **分子軌道法** (MO：Molecular Orbital Method) の2つの立場がある．記述したハミルトニアンに対して，2つの立場を比較してみることは，教育的である．VB法によるスピン基底関数は，$c_{1\downarrow}^\dagger c_{2\downarrow}^\dagger |0\rangle$, $c_{1\uparrow}^\dagger c_{2\downarrow}^\dagger |0\rangle$, $c_{1\downarrow}^\dagger c_{2\uparrow}^\dagger |0\rangle$, の4関数である．この基底関数を用いて，$\mathcal{H}$ を対角化すると，

[*1] 遍歴電子系では V を古典的な第2近接間クーロン反発相互作用として取り扱うと，拡張ハバードモデルとなる．局在電子系として V を扱う場合には，量子力学的な交換相互作用としての J, K を考える必要がある．通常は遍歴電子系か局在電子系を想定して，どちらかのモデルハミルトニアンを選択するが，本章では最も一般的な記述とした．

[*2] 電子の運動に対して核は静止しているとして，電子を核と切り離して考える断熱近似，1927年に提案されて多原子系を理論的に取り扱う基礎となっている．

7.1 伝導と磁性

$$\mathcal{H} \doteq \begin{array}{c} c_{1\uparrow}^{\dagger}c_{2\uparrow}^{\dagger}|0\rangle \\ c_{1\uparrow}^{\dagger}c_{2\downarrow}^{\dagger}|0\rangle \\ c_{1\downarrow}^{\dagger}c_{2\uparrow}^{\dagger}|0\rangle \\ c_{1\downarrow}^{\dagger}c_{2\downarrow}^{\dagger}|0\rangle \end{array} \begin{pmatrix} \overset{c_{1\uparrow}^{\dagger}c_{2\uparrow}^{\dagger}|0\rangle}{K-J} & \overset{c_{1\uparrow}^{\dagger}c_{2\downarrow}^{\dagger}|0\rangle}{0} & \overset{c_{1\downarrow}^{\dagger}c_{2\uparrow}^{\dagger}|0\rangle}{0} & \overset{c_{1\downarrow}^{\dagger}c_{2\downarrow}^{\dagger}|0\rangle}{0} \\ 0 & K & -J & 0 \\ 0 & -J & K & 0 \\ 0 & 0 & 0 & K-J \end{pmatrix}$$

となる.ここで,K は 2 電子クーロン積分,J は 2 電子交換積分を表し,スピンが並行に揃った強磁性 (F) 状態と反平行に配向した反強磁性 (AF) 状態は交換エネルギー $2J$ だけ異なる[*1].いっぽう,MO 法に基づく次の基底関数 $c_{1\uparrow}^{\dagger}c_{2\downarrow}^{\dagger}|0\rangle$, $c_{1\downarrow}^{\dagger}c_{2\uparrow}^{\dagger}|0\rangle$, $c_{1\uparrow}^{\dagger}c_{1\downarrow}^{\dagger}|0\rangle$, $c_{2\uparrow}^{\dagger}c_{2\downarrow}^{\dagger}|0\rangle$ を用いると,ハミルトニアンの表現行列の対角項として,3 番目と 4 番目の基底関数からオンサイト (on-site) クーロン反発相互作用エネルギー (U) が得られ,1 番目と 2 番目の基底関数から隣接間 (inter-site) クーロン相互作用エネルギー ($V ; J, K$) が得られる.

$$\mathcal{H} \doteq \begin{array}{c} c_{1\uparrow}^{\dagger}c_{2\downarrow}^{\dagger}|0\rangle \\ c_{1\downarrow}^{\dagger}c_{2\uparrow}^{\dagger}|0\rangle \\ c_{1\uparrow}^{\dagger}c_{1\downarrow}^{\dagger}|0\rangle \\ c_{2\uparrow}^{\dagger}c_{2\downarrow}^{\dagger}|0\rangle \end{array} \begin{pmatrix} \overset{c_{1\uparrow}^{\dagger}c_{2\downarrow}^{\dagger}|0\rangle}{K} & \overset{c_{1\downarrow}^{\dagger}c_{2\uparrow}^{\dagger}|0\rangle}{-J} & \overset{c_{1\uparrow}^{\dagger}c_{1\downarrow}^{\dagger}|0\rangle}{-t} & \overset{c_{2\uparrow}^{\dagger}c_{2\downarrow}^{\dagger}|0\rangle}{-t} \\ -J & K & -t & -t \\ -t & -t & U & P \\ -t & -t & P & U \end{pmatrix}$$

表現行列における非対角項の多くは移動積分 ($-t$) に関係する物理量である[*2].また P は対遷移積分項であるが,本節の議論では無視する.すなわち,VB 基底関数は,局在電子の特徴を有する基底関数で,局在電子の量子力学的相互作用に起因する磁性を表現するハイゼンベルグハミルトニアンの基礎となる基底関数であるのに対して,MO 基底関数は遍歴電子の特徴を有する基底関数で,移動積分やイオン化状態などの特徴を表現できる基底関数といえる.MO 関数を基底関数として t と U だけを考慮したハミルトニアンの完全解を求める

[*1] 同様の関係を取り扱ういくつかの教本では,固体物理で記述する J と K を逆に記述する慣習があることに注意せよ.

[*2] 移動積分をより正確に理解するためのハミルトニアンは,1 電子ハミルトニアンを $\mathcal{H}_0 = -\frac{\hbar^2}{2m_e}\nabla_1^2 - \frac{Ze^2}{4\pi\epsilon_0 r_1 R_I}$ とすると $\mathcal{H} = \mathcal{H}_0 - \frac{Ze^2}{4\pi\epsilon_0 r_1 R_{II}}$ を考えて,摂動項を 1 次摂動近似の範囲で議論する場合に出現する.電子がひとつの軌道から別の軌道へ移動することによる安定化エネルギーとして定義される.いっぽう,オンサイトクーロン反発積分は,2 電子クーロン相互作用の項 $g_{i,j}$ を 2 次摂動の範囲で取り扱う際に出現する不安定化エネルギーであることに注意しよう.したがって,t と U は相反する物理変数である.t の安定化より U の不安定化が大きいために,バンド絶縁体でもないのに絶縁化する物質をモット絶縁体と称する.銅酸化物理高温超電導物質の母物質であるペロブスカイト系酸化物などがそのような代表的な物質である.

と,$\epsilon = U/2 - \sqrt{(U^2+16t^2)/4}$ が得られる.したがって,$U \gg t$ の極限では,$\epsilon = -8t^2/U$,$U \ll t$ の極限では,$\epsilon = U/2 - 2\sqrt{2}t$ を得る事ができ,t と U の大小による系のエネルギー安定性を論じることができる.

本節の最後として,伝導電子と局在電子が混在する際に発現する伝導と磁性の一般論を導入しておくことにする.d 軌道に局在電子が存在する場合,そのようなモデルハミルトニアンは,

$$H = \sum_{k,\sigma} \epsilon_k c_{k\sigma}^\dagger c_{k\sigma} + \sum_\sigma E_d c_{d\sigma}^\dagger c_{d\sigma} + \sum_{k,\sigma} [V_{kd} c_{k\sigma}^\dagger c_{d\sigma} + V_{dk} c_{d\sigma}^\dagger c_{k\sigma}]$$
$$+ \sum_{k,\sigma} U n_{k_i,\uparrow} n_{k_j,\downarrow} + U c_{d,\uparrow}^\dagger c^{d,\uparrow} c_{d,\downarrow}^\dagger c_{d,\downarrow} \qquad (7.5)$$

で記述され,アンダーソンハミルトニアンとして知られる.E_d 準位の軌道にふたつ目の電子が入った場合は,オンサイトクーロン反発のために,U だけエネルギーが高くなり $E_d + U$ のエネルギーとなる.この軌道エネルギーが E_F よりも高ければ,d 軌道は電子がひとつしか占有できず電子スピンの自由度ができる.いっぽう,V_{dk} による s-d 混成の影響で d 状態はあるバンド幅 Δ を有することになる.

このハミルトニアンを平均場近似で取り扱った結果,$U/\Delta \geq \pi/\sin^2 \pi < n_d >$ が磁性が発現する条件となることが知られている.いっぽう,このハミルトニアンを,$E_d/\Delta \ll 1$ および $(E_d+U)/\Delta \gg 1$ の条件下[*1)] で,摂動計算で処理した場合,伝導電子と局在電子の相互作用の項は,次の s-d モデルハミルトニアンに帰着する.

$$\mathcal{H}_{sd} = -J \sum_{k,k'} \left[(c_{k'\uparrow}^\dagger c_{k\uparrow} - c_{k'\downarrow}^\dagger c_{k\downarrow}) S_z + c_{k'\uparrow}^\dagger c_{k\downarrow} S^+ + c_{k'\downarrow}^\dagger c_{k\uparrow} S^- \right]$$

ここで,

$$J = |V^2| \left[\frac{1}{U+E_d} + \frac{1}{-E_d} \right], \qquad S^+ = c_{d\uparrow}^\dagger c_{d\downarrow}, S^- = c_{d\downarrow}^\dagger c_{d\uparrow}$$

このモデルをもとにすると,良く知られているように 3 次の摂動効果として電気抵抗 R と帯磁率 χ は,

[*1)] この場合には,d 軌道はアップスピンかダウンスピンの 1 電子により占有され,局在スピンを有する.

7.1 伝導と磁性

$$R = R_{\mathrm{B}}[1 + 2J\rho_c \ln(T/D)], \tag{7.6}$$

ここで,

$$R_{\mathrm{B}} = \frac{3}{4}\frac{2\pi}{\hbar}\frac{m}{e^2}\frac{V}{E_{\mathrm{F}}}\left(\frac{J}{2}\right)^2 S(S+1),$$

$$\chi = \chi_0\left[1 - (J\rho_c)^2\ln\frac{D}{k_{\mathrm{B}}T}\right] \tag{7.7}$$

となる. すなわち, 伝導電子に局在スピン系が導入されると, 抵抗は低温で s-d 相互作用により増大して対数発散する方向へ向かう. この状態をスピン系から眺めた場合は, 電子スピンは, 1重項状態を形成して磁気モーメントは消滅していく. この現象は近藤効果[7]として知られている.

いっぽう, 局在電子スピンを周期的に配置した場合, アンダーソンハミルトニアンは, 強相関極限 $U/V \gg 1$ のもとで取り扱うと, 磁性系の有効ハミルトニアン

$$H_{\mathrm{RKKY}} = -\frac{1}{2}\sum_{j\neq i}\chi_0 J^2 \vec{S_j}\cdot\vec{S_i}G(2k_{\mathrm{F}}\mid\vec{r_j}-\vec{r_i}\mid) \tag{7.8}$$

を導出することができる. ここで, $G(x) = \dfrac{-x\cos x + \sin x}{x^4}$ である. この場合には, 伝導電子系に周期的に埋め込まれた電子スピンは, 伝導電子の励起を介して相互作用して, 磁気モーメント χ を発現する.

$$\chi = \chi_0 f\left(\frac{q}{2k_{\mathrm{F}}}\right), \qquad f(x) = \frac{1}{2}\left[1 + \frac{1-x^2}{2x}\frac{1+x}{1-x}\right] \tag{7.9}$$

ここで χ_0 はパウリ帯磁率を表す. すなわち s-d 相互作用を介してスピン系は秩序化する. 関数 $f(x)$ からわかるように, この相互作用は, 強磁性相互作用と反磁性相互作用が交互に変調を受ける系で[*1], ハイゼンベルグ相互作用と比較すると遠距離相互作用の特質を有している. この相互作用は, **RKKY 相互作用** (Ruderman-Kittel-Kasuya-Yoshida interaction)[8] として知られている[9].

[*1] 局在スピンが存在する位置関係がいくつか存在する場合, 強磁性相互作用と反磁性相互作用が拮抗する状態が生じる. このために, そのような系では磁気的なフラストレーションが生じることがある. 3角格子などの幾何学的フラストレーションと比較して考えることは興味深い.

7.2 電気伝導物質と磁性体の概観

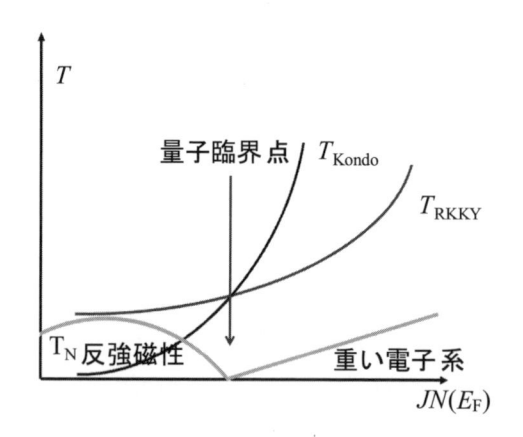

前節で記述した近藤効果と RKKY 相互作用は，その発現する根源が同じことからわかるように，互いに競合する相互作用である．s-d ハミルトニアンを基礎とした一般的解析によると，近藤転移温度 $T_\text{Kondo} \sim \exp[1/JN(E_\text{F})]$ ならびに RKKY 転移温度 $T_\text{RKKY} \sim J^2 N(E_\text{F})$ の関係が知られている．相互作用変数の大きさならびに温度変数に依存して，図 7.2 に示すようにどちらの現象が強く現れるかが決定され，その競合あるいは相乗効果により様々な物性が発現する興味深い物性研究の舞台となっている．もし何らかの理由で RKKY と比較してある境界で近藤効果が優先したとすると，各磁気スピンサイトの近藤 1 重項が位相を揃えて結晶中に広がった状態が出現する．このような状態は，重い電子系物質[*1] が発現する根本的理由となる．重い電子系物質が発現する代表的な条件としては，(1) 軌道縮退のために T_Kondo が増加する，(2) フラストレーションの影響で RKKY 相互作用の効果が小さく現れる，などの場合が一

図 7.1 近藤効果と RKKY 相互作用と発現する様々な物性

[*1] 固体において，有効質量近似が成り立つと仮定する場合，導出される有効質量が自由電子の 1000 倍にも達する物質がある．このような一連の物質群を重い電子系とよぶ．多くは f 軌道系物質で観測されることが多いが，$CeCu_2Si_2$, $CeCu_6$ ならびに UPt_3 などが代表的な物質として知られる．

般に考えられる．

ここまでに記述した伝導と磁性の概念の骨組みにおいて，新しい種類の物質が生じるためには，いくつかの付加的要因が新たに導入される必要がある．例えば，等方的なハイゼンベルグ型交換作用項の他に磁性原子の異方性エネルギー項 $\pm E[S_x^2(1,2) - S_y^2(1,2)]$ が加わると自由スピンはその異方性エネルギーのために，結晶における 2 つのスピンサイトの主軸が異なり，副格子磁化の方向が結晶格子の対称性と関係して互いに異なる状況が生じる．あるいは，等方的な交換相互作用パラメータ J の他に，2 つのスピン–スピン相互作用に異方的相互作用が存在する場合には，ハイゼンベルグハミルトニアンは相互作用テンソル $\boldsymbol{K}$ により記述され，$H = \vec{S}_1 \cdot \boldsymbol{K} \cdot \vec{S}_2 = S_1 \cdot \boldsymbol{K}_\mathrm{S} \cdot \vec{S}_2 + \vec{S}_1 \cdot \boldsymbol{K}_\mathrm{A} \cdot \vec{S}_2$ と書き改められる．ここで $\boldsymbol{K}_\mathrm{S}$ は対称な項，$\boldsymbol{K}_\mathrm{A}$ は反対称な項を表す．このスピンハミルトニアンの異方性の項 $\vec{S}_1 \cdot \boldsymbol{K}_\mathrm{A} \cdot \vec{S}_2$ から，$\mathcal{H} = d \cdot [\vec{S}_1 \times \vec{S}_2]$ で記述されるジャロシンスキー–守谷 (DM) 相互作用 (Dzyaloshinsky-Moriya interaction) 形式の磁気相互作用[10~12] が発現する．ここで述べた異方性エネルギーや異方的スピン-スピン相互作用は，結果としてスピンの方向を傾ける働きをして，そのような場合にはスピンキャント状態として強磁性が発現する．このような磁性は，一般には弱く寄生強磁性とよばれることがある．このような例としては，無機物質では NiF_2[12] と $\alpha\text{-}\mathrm{FeO}_3$[13] が代表的な例としてあげられる．またすでに記述したアルカリ金属を内包させたゼオライトの強磁性[44] は，この機構と関係する可能性が議論されている[*1]．

この他に重要な相互作用として，2 つの電子スピンが別の原子の波動関数の分極を経て配列する超交換相互作用がある．超交換相互作用と類似の相互作用を基本とする磁性として，酸素原子を隔てた d 軌道に関するツェナー (Zener) の 2 重交換相互作用[14] にもとづく強磁性があり，マンガンペロブスカイト系物質などに対して観測され，巨大磁気抵抗物質[15] として研究が進められている．

[*1] アルミノケイ酸塩ゼオライトの一種である LTA では，ナノメートルサイズの細孔を有する．この細孔の中にカリウム原子 (K) を導入すると，K クラスタが形成される．K クラスタは，閉じ込め効果により離散的準位を形成する．強磁性は，クラスタ当たりの s 電子数が 2 を超えた場合に観測される．これは 3 個目以上の電子が球状ポテンシャルにより量子化された p 軌道を占有することによると解釈される．この強磁性は，本節で説明したスピン–スピン相互作用の異方性がスピン軌道相互作用を通して現れたジャロシンスキー–守谷 (DM) 相互作用にもとづくキャント磁性として解釈されるとされている．

伝導電子間に働く間接相互作用が結晶格子などのフォノンである場合には，2つの電子間に働く力は本来のクーロン反発力による斥力ではなく，引力が電子間に働く事も可能になる．このような場合には，運動量空間で反対の運動量をもつフェルミ面近傍の伝導電子はボーズ凝縮を生じて超伝導電子対を形成して，フォノン介在の BCS 理論に基礎をおいた超伝導物性[16,17]が観測される可能性がある．このように，超伝導電子対を形成するための電子間の引力は，フォノンを媒介とした場合だけとは限らず，エキシトンなど種々の素励起を媒介とする可能性が議論されている[18,19]．銅酸化物高温超伝導体では，超伝導電子対形成がマグノンのゆらぎを介した相互作用により生じるという議論が活発になされている[20,21]．反強磁性および強磁性近傍での磁性スピン揺動近傍で観測される超伝導現象は重い電子系を中心として話題になっている[22]．このような伝導電子間に生じる引力は，純粋な電子相関だけからも生じることも理論上は可能である．

最近の話題として，マルチフェロイクス物性の研究が活発になっていることを付記しておく[23,24]．マルチフェロイクス物性とは，強誘電性 (ferroelectricity)，強磁性 (ferromagnetism)，強弾性 (ferroelasticity) 等の効果を複数併せ持ち，その物性の間の相互作用が従来の物質よりも格段に大きい物質の物性の事をいう．古くは電気磁気効果と呼ばれていた物性が，新しく研究の対象となった現象である．強誘電性は電気分極のために存在する電気双極子が秩序化する現象であり，強磁性は電子の有するスピンモーメントの秩序化によるものである．したがって，一般には誘電現象と磁性現象は互いに相関はない．しかし，らせん構造など特殊な磁気構造においては，強誘電性と強磁性の相互作用による相関が可能となり，磁場により誘電秩序が影響を受けたり，逆に電場により磁気秩序に影響が観測される電気磁気効果が観測される．このひとつの機構として逆 DM 相互作用機構[*1]が提唱されている．強磁性–強誘電性–強弾性の関係を電場 (E)，磁場 (B) および圧力 (P) により相互変換する新しいマルチフェロイク

[*1] いくつかの物質ではらせん磁気構造と強誘電性には強い関係がある事が報告されている．磁性と誘電性が相互に応答する巨大マルチフェロイクス現象のためには，磁気秩序と強誘電秩序間に強い結合が存在している必要がある．磁気秩序構造が強誘電性発現の起源となる機構のひとつとして，らせん磁気構造への秩序化によってスピン系の対称性が低下する結果として強誘電性が大きく変化する機構の存在が実験的に確認されている．これは，DM 相互作用の逆の効果である事から逆 DM 相互作用とよばれる．

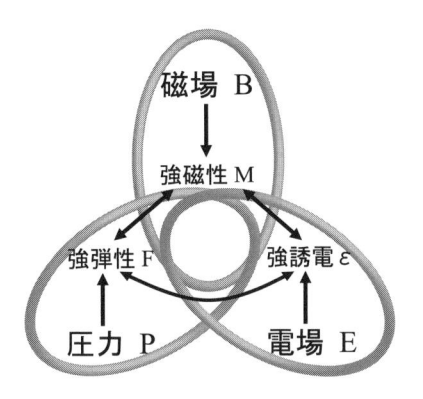

図 7.2 マルチフェロイクス物質の概念. 強磁性, 共誘電性, 強弾性が相互に関係し, 電場, 磁場, 圧力で相互変換が可能となる.

ス物性は多値メモリや光アイソレーターなど様々な電子素子への応用が期待される. ナノ構造物質において, マルチフェロイクス物性に基礎をおく新しい磁性ならびに電気伝導物質が出現する可能性は多いに残されている.

以下の節では, いくつかの磁性に関係するナノ構造物性の研究を各論として紹介することにする. 本章の総論を具体的に理解するのに役立つであろう.

7.3 分子磁性体

これまで述べたように, 一般に局在電子スピンの配列を実現して強磁性とするためには, 縮退した準位を有する軌道の存在が必要である. このことを考えると, 多くの強磁性体がd軌道あるいはf軌道を有するFe, Co, Ni, Sm, Ndなどの原子を含んでいることが必然のことのように考えられる. 例えば, 図7.3に示すように, d軌道は5重縮退軌道を有するので, その軌道を占有する電子はパウリの原理にしたがって多重項スピン状態 ($S > 1/2$) を形成する. さらに, d軌道元素から構成される無機磁性体においては, ハイゼンベルグ型の直接相互作用以外に, 長距離にわたり強磁性電子スピン配列を実現する役割を, 結晶全体に遍歴するs電子がs-d相互作用を介して実現していることが知られている.

このような状況に対して, 有機物質の主要元素である炭素, 窒素, 水素だけから, 強磁性体を合成する研究が重要な研究テーマとなった時期がある. この

ような状況を実現するためには，まず d 軌道元素と同様な安定な孤立電子スピンを有する有機分子を用いることが必要である．そのような有機分子が磁性元素に代わる強磁性体の構成要素となる．さらに有機強磁性体を設計する際には，分子間における電子スピン配列を達成するものとして，s-d 相互作用に匹敵する分子間強磁性相互作用が必要となる．歴史的に行われた重要なアプローチのひとつとして，電荷移動錯体系物質がある．

このような物質系に対する歴史的に重要な設計指針のひとつとして，マッコーネル (McConnell) の提案した原理[25, 26]がある．

1) 局在した孤立電子スピンを有する 2 つの分子ラジカル[*1]において，ひとつの分子上で正のスピン密度を有する箇所ともうひとつの分子上で負のスピン密度を有する箇所で反磁性的な相互作用が働く事．

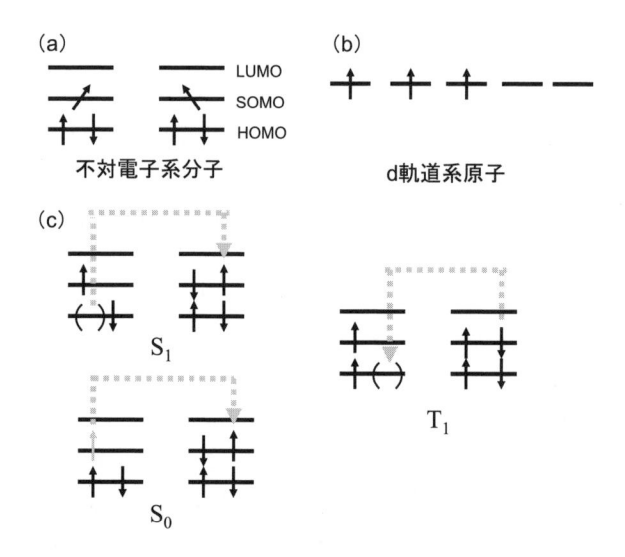

図 7.3 電荷移動錯体の電子状態の可能性とスピン配列．(a) は不対電子系分子のエネルギー準位を表し，(b) は d 軌道系のパウリの原理を模式的に表現している．(c) は電荷移動錯体における可能な電子配置を示す．

[*1] 孤立した局在電子スピン ($S>1/2$) を有する分子種を有機分子系では分子ラジカルと総称している．

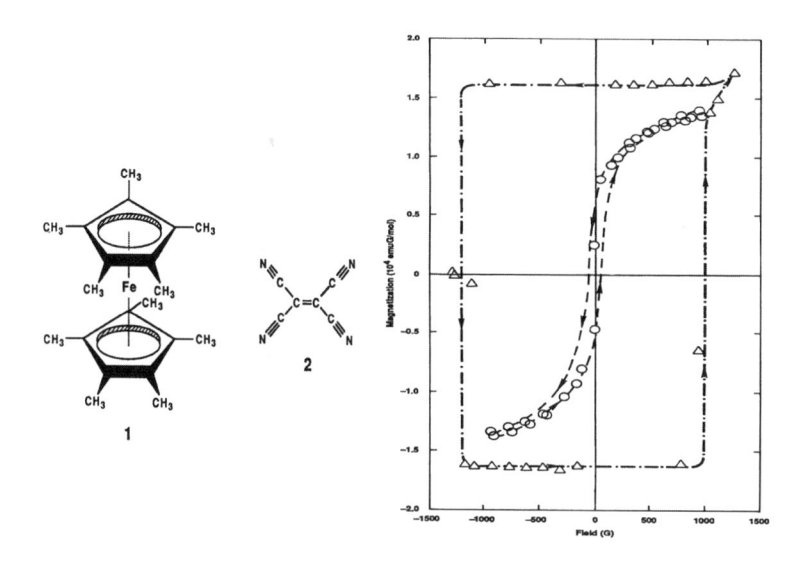

図 7.4 $Fe(CH_3)_5C_5)_2$ と TCNE の分子構造と電荷移動錯体から観測される強磁性特性. 文献[28] より引用.

2) 電荷移動分子錯体[*1)] において, 3重項の基底状態の電荷移動状態を有する事.

図 7.3 には, 基底状態として $S = 1/2$ の状態である不対電子対を有する分子の電子状態を, HOMO, SOMO および LUMO の3つの軌道を対象として表現した. このような3軌道系分子2個から構成される電荷移動状態では, 基底状態として3つの基底状態の可能性を考えることができる. 第1は, ひとつのSOMO に局在する電子が別の SOMO に移動した S_0 状態である. 第2, 第3は, HOMO を占有するひとつの電子が別の分子の SOMO に移動することにより形成される電子状態で, HOMO 準位と SOMO 準位を占有する電子スピンの状態に応じて S_1 状態と T_1 の2つの状態がある. したがって強磁性体を達成するためには, T_1 状態を安定化すればよい事になる. その方向で過去に多くの実験が進められている. その代表的な研究は, 1987年に Miller などにより

[*1)] 電子供与性の強い分子 (ドナー) と電子吸引性の強い分子 (アクセプター) を組み合わせた場合に形成される電荷がドナー分子からアクセプター分子へ移動してできる錯体.

行われた Fe[(CH$_3$)$_5$C$_5$]$_2$ と TCNE (テトラシアノエチレン) との電荷移動錯体で発現する強磁性である[28,29]。

上述した設計指針とは全く異なる分子強磁性体を実現するもうひとつの方向として，**幾何多重項状態を用いる方法**が検討された[4,5]．分子内で不対電子を有して $S = 1/2$ の状態であっても，分子間における磁性相互作用はほとんどの場合反強磁性的であるので，分子固体としては低温で反強磁性体である．分子内に 2 つの電子スピンを有する場合，2 つの電子スピンが強磁性的相互作用を示して S = 1 の状態になる代表的な場合として，2 つの電子がそれぞれ同一原子の直交する軌道に存在する場合がある．このような分子種として代表的な分子種は，図 7.5 右図に示すカルベン C(↑,↑) およびナイトレン N(↑,↑) として知られている．同一原子の直交する 2 つの軌道に存在する電子スピンは強磁性配向する．これは，本章の冒頭で示した直交する異なる軌道間の交換積分の影響によるエネルギー利得のためである．

さらに，図 7.5 左図に示す構造の場合，六方対称性の幾何構造という特殊な対称位置を有する分子を設計することが可能である．この分子の場合には交互炭素物質の幾何学構造のために，簡単な分子軌道計算でも良く知られているように[*1]，隣接する位置にアップスピンとダウンスピンの電子密度が交互に発現する．したがって，カルベンを 1, 3-の位置[*2] に局在させることにより，電子

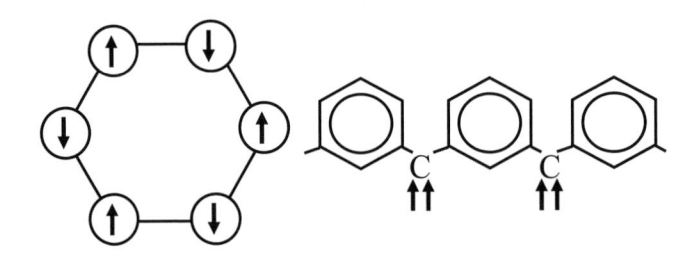

図 **7.5** 幾何学的なスピン相互作用から実現されるカルベン多重スピン状態

[*1] ベンゼン C$_6$H$_6$ 分子に対して簡単なヒュッケルレベルの分子軌道計算を行った後，電子密度を計算すると正のスピンと負のスピンが交互に現れることを容易に確かめることができる．簡単な計算であるので，実際に計算してみる事は教育的である．

[*2] 最初のスピンの位置を 1 とした場合に隣を 2，その隣を 3 とする化学物質の命名法で別名をメタ (m) 位置ともいう．

スピンを同じ方向へ秩序させて配向させる事ができる.現在,この幾何制御を分子に組み込むことにより,ポリカルベン分子で $S=6$ までの高スピン状態が報告されている[27].しかし長距離秩序を有する強磁性物質を実現するためには,無限に繋がったポリカルベンを合成するわけにはいかないので,有機強磁性体を実現するためには,何らかの強磁性的な分子間相互作用を組み込む必要がある.

7.4 単分子磁石

磁性ナノ物質には,永久磁石とは異なり,**単分子磁石**[30)*1] と呼ばれるものがある.一般に磁性の原因である電子スピンの長距離秩序は次元性と大きく関係していて[*2],理論上では,純粋な2次元スピン系においては,ハイゼンベルグスピン系モデルの範囲では,長距離秩序は存在しないと考えられている.さらに,1次元系では異方性の強いイジングスピン系ですら絶対零度まで相転移を起こさないことが厳密解により示されている.したがって本来であれば,単分子(ゼロ次元)では強磁性は実現しないことになる.したがって,**単分子磁石**は強磁性体でなく,非常に長い緩和時間を持つスピン秩序の過渡的な状態である.図7.6に単分子磁石とその基礎概念を示した.すなわち,磁場により電子スピンをひとつの方向へ配向させてから,再び無秩序な配向状態に戻るまでの時間が非常に長い場合には,通常の測定時間内では電子スピンの向きが固定されているので強磁性体のように振る舞うことになる.

[*1] 単分子磁石は分子ひとつで磁石としての性質を持つもので,分子特有の量子性なども示す.そのため,超高密度磁気メモリや量子デバイスとしての応用の観点からも盛んに研究がなされている.1993年に12個のマンガンイオンからなる多核金属錯体,$[Mn_{12}O_{12}(CH_3COO)_{16}(H_2O)_4]$,がバルク磁石と同様な磁気ヒステリシスを示すことが報告されて以来[30],数多くの単分子磁石が報告され物理現象に関する研究や新規材料としての研究が盛んに行われている.

[*2] 磁気的相互作用は Anderson, Goodenough, Kanamori らの超交換相互作用で理解され,磁気軌道の対称性に影響される.2つの原子 (A および B) が架橋原子 X で架橋された状態を考える. (a) 同種金属の場合,180°で架橋された場合,A 上の電子スピン (↑) と対をつくるように,X 上のスピン (↓) が電子移動する.残った X 上のスピン (↑) がもう片方の A と相互作用することで,反強磁性的相互作用が働くことになる. (b) 異種金属の場合,X 上に誘起されたスピンの存在する軌道と B の軌道が重ならないために,強磁性的相互作用が働く場合がある.また,同種金属の場合でも架橋角度が 90°の場合も軌道が重ならないため,強磁性的相互作用が働くことになる.

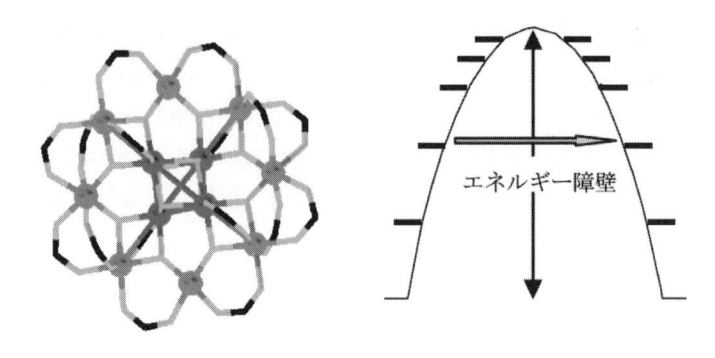

図 7.6 単分子磁石の基礎概念

単分子磁石で必要とされる長い緩和時間を実現するためには，電子スピンの容易磁化軸が 1 軸異方性であることが重要である．この状況は物理変数で表現すると，零磁場分裂パラメータ D が負の方向に大きい事に相当する[*1]．したがって，磁場により z 軸方向に配向した電子スピンは，$|D|S_z^2$ のポテンシャル障壁を越えなければ，スピンの向きを変えることができないために，非常に長い緩和時間を有することになる．単分子磁石として精力的に研究されている系のひとつが無機磁性元素から合成される Mn_{12} クラスタと呼ばれる一群のナノ構造物質である[32]．特に代表的なものは，様々な化学修飾を施すことのできる $Mn_{12}O_{12}(O_2CR)_{16}(H_2O)_4$ (R=Me, Et, Ph など) である[33]．

Mn_{12} クラスタは 12 個の Mn イオンから構成され，低温領域ではクラスタ内スピンは強い交換相互作用で反強磁性的に配列するが，Mn_{12} クラスタ固体全体では全スピン $S = 9 \sim 10$ の高スピン多重項状態を有する．結晶では，スピン磁気異方性があるためにアップスピンとダウンスピンの間にポテンシャル障壁が存在し，結晶内における分子間力は非常に弱くクラスタが磁性の単位になるために，ひとつのクラスタが単一磁区の強磁性体と類似した物性を示す．実

[*1] 分子が磁石として振る舞うためには，分子全体として負の 1 軸性磁気異方性 (D <0) をもつことが必要である．分子全体の磁気異方性は，金属イオン単体の磁気異方性，異方的相互作用，磁気双極子相互作用に起因する．金属イオン単体の磁気異方性は，配位子場の異方性と電子配置によって決まる．集積化させた金属イオンの磁化容易軸を揃えることで，分子全体の磁気異方性を制御することが可能である．Mn_{12} 核錯体はマンガンイオンの外周にある Mn(III) イオン単体が負の磁気異方性を持ち，垂直方向に磁化容易軸が揃っているために分子全体として大きな負の磁気異方性を持つ．

際に，クラスタの運動が凍結する低温領域で磁化曲線を測定すると，離散的な磁場でスピンの反転に伴う階段状の磁化曲線が観測される．この現象は，単分子磁石における磁化量子トンネリング[*1)]として知られる．単分子磁石は，究極の磁石であり，超高密度磁気メモリや量子デバイスとしての応用の観点からも研究がなされているが，現実には室温付近で情報を保持できるような単分子磁石は現時点で作られていない．

7.5 スピン流：新しいスピン角運動量の概念

ナノ領域の磁性と関係して，純スピン流が最近注目されている．純スピン流とは，図 7.7 に示すように，電荷の流れを伴わないスピン角運動量の流れとして定義される物理量である．スピン偏極していない電荷の流れである電流 i_c は，$i_c = i_\uparrow - i_\downarrow = 0$ と記述される．いっぽう，偏極しているアップスピン流 i_s は，$i_s = i_\uparrow - i_\downarrow > 0$ と記述される．したがって，荷電電流が流れていない場合でも，スピン流は流れる場合がある事が分かる．この事は，電気的に絶縁体であっても，角運動量の流れであるスピン流としては導体である場合がある事を示唆する．

スピン流の基礎概念と関連して，近年スピンホール効果が注目を集めてい

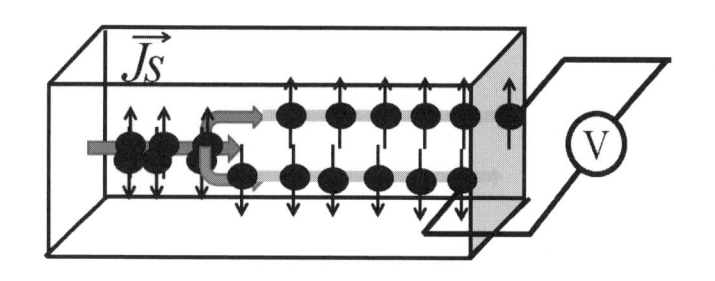

図 7.7 スピン流とスピンホール効果の基礎概念．実際には，電場が図の右方向へ与えられている場合は，スピンはそれぞれ紙面の上下ならびに前後の方向に分極して蓄積される．図では分かりやすくするために，そのいっぽうだけを示している．

[*1)] ゼロ磁場では準位の分裂は単純に DS_z^2 で表されるが，磁場を印加するとゼーマン項により準位は $DS_z^2 - S_z H$ となり，スピンの向きによる差が現れ，ある準位と別の準位のエネルギーが一致すると，この 2 つの状態間でトンネリングが起こり，スピンの向きが変化し磁化が変化する．

る[34]．スピンホール効果とは，純スピン流に電場 $\vec{E}$ が作用するとアップスピン流とダウンスピン流は電場 $\vec{E}$ と垂直に逆方向に曲げられ，物質の端にそれぞれ蓄積される現象である．したがって，この場合に異なる種類のスピンが蓄積された端を結ぶとスピン偏極量に比例した電流が流れる現象が生じる．これは，電子あるいはホールの流れに磁場を与えるとその垂直方向にローレンツ力が働き，電子とホールは磁場に対してそれぞれ逆の方向に曲げられ物体の端に蓄積されるホール現象と対応させて理解する事ができる．

この現象を統一した対称性の観点から説明する．電荷の流れである電流は，時間反転対称操作に対してそのパリティは奇である．いっぽう，スピン角運動量の流れであるスピン流は，時間反転対称操作に対してそのパリティは偶である．したがって，系を表現するハミルトニアンが時間反転対称操作に対して偶のパリティを有する事を考えると，時間反転対称操作に対してパリティが奇である磁場 $\vec{B}$ は運動する電荷と相互作用する事が可能であり，時間反転対称操作に対してパリティが偶である電場 $\vec{E}$ は同様にそのパリティが偶である電場と相互作用する事になる．マックスウェル (Maxwell) の法則の一部をなすアンペール (Ampàre) の式として，${\rm rot}\vec{H} = \vec{j_{\rm c}}$ が知られている事を考えると，スピン流の法則はその対称性から ${\rm rot}\vec{E} = \vec{j_{\rm s}}$ と記述できると考えられる．すなわち，電流 $\vec{j_{\rm c}}$ が磁場 $\vec{B}$ の源であり，スピン流 $\vec{j_{\rm s}}$ が電場 $\vec{E}$ の根源と考えることができる．このような観点から将来マックスウェルの法則はスピン流を含めた一般的な形式に書きかえられると予想される．スピンホール効果の現象は，19世紀にマックスウェルが確立した電磁気学の4法則が，さらに統一した形式へと書き換えられる可能性があるという，今世紀最大とも言える基礎科学の発展をその背景に秘めている．

スピンホール効果が存在するという事は，その逆効果である逆スピンホール効果が存在する事を示唆する．実際に，アップスピン流とダウンスピン流が，スピン偏極により物質の端へ誘起されると電場 $\vec{E}$ が発生することが実験的に確かめられている[35]．

最近スピン偏極と関係して，空間対称性との関係からスピン偏極ならびにスピン流の現象が研究対象として活発化している．ひとつは表面で空間反転対称性が破れることによりスピン偏極が発現するラシュバ効果である．一般的にフェル

ミ粒子である電子の波動関数は空間反転対称に対してそのパリティは奇である事が要請される．すなわち，$\Psi(\vec{k},\vec{\sigma}) = -\Psi(-\vec{k},\vec{\sigma})$ という性質を有する．エネルギー分散関係 $E-k$ の観点から考えると，$E(\vec{k},\uparrow) = E(-\vec{k},\downarrow)$ が一般関係として成立する．物質の表面で空間反転対称性が破れる場合には，エネルギー分散関係は，$E(\vec{k},\uparrow) \neq E(-\vec{k},\uparrow)$ の関係式から，$E(-\vec{k},\uparrow) \neq E(-\vec{k},\downarrow)$ となり，同じ $-k$ 点でアップスピンバンドとダウンスピンバンドは，縮退が解け分裂してスピン偏極が生じることになる．これがラシュバ効果で 1960 年にラシュバ (E.Rashba)[36)] により提唱された効果である．最近では様々な実験で確認され出している．

いっぽう，同様な空間反転対称性の議論から物質の端などで幾何学的に対称性が破れた場合には，スピン流が電場で絶縁体に誘起される事が考えられる．これは**トポロジカル絶縁体**とよばれ，現在活発に研究が行われ始めている[37, 38)]．

本節で記述した固体中におけるスピン角運動量の偏極現象ならびにその動的挙動は，電子のスピン–軌道相互作用と深く関係しているものと考えられる．このような観点から，スピン素子に適したナノ構造物質が将来開拓されていくであろう．電流ならびに磁気を物理量として発展したきたエレクトロニクスがスピン流の概念で大きく変貌を遂げようとしている．

7.6　ナノ磁性物質の最近の話題

1900 年代は多くのナノ物質が報告されて，興味ある電気伝導ならびに磁性が観測されている．ここでは，磁性を中心に最近の進展を述べる．

インタカレーションとして，Eu などの磁性元素を C_{60} や C_{70} と組み合わせた固体では，強磁性が発現する[41)]．Eu の f 軌道は局在する全合成スピンは $J = S + L = 7/2$ で，この局在スピンから発現する磁性体である．磁性発現の機構はハイゼンベルグ型交換相互作用に基づく可能性があるが，局在 f 電子とクラスタネットワークに遍歴する伝導電子との相互作用に基づく RKKY 相互作用の可能性も否定はできないように思われる．C_{60} と TDAE を組み合わせた 1:1 錯体結晶では，強磁性が報告されている[42)]．強磁性発現機構には，C_{60} クラスタ軌道配列の重要性が指摘されているが，この物質は結晶系の微妙な違いにより強磁性が発現したり消失したりすることから，現在でも結晶構造と強

磁性との関連が議論され続けている．キャリヤをドープしない純粋な C_{60} においても，強磁性が発現する．例えば，高圧下で加熱処理すると重合して様々な形のポリマーが生成する．その中で特殊なものは，磁石に引き付けられる磁性体となることが報告されている[43]．しかし，実験の再現性などに問題があり今後の詳細な実験が必要とされる．

本章の最後として，電気伝導ならびに磁性に関していくつかの物質を取りあげる．MgB_2 超伝導体[45]は，六方晶の平面層状構造の物質で CuO_2 銅酸化物と同様に2次元系の物質である．MgB_2 の超伝導臨界温度は，金属系超伝導の限界とされている 20〜30 K を越えた 39 K であるため，実用的にも基礎科学的観点からも注目を集めている．MgB_2 と同構造の物質が Si 系元素からも Sr-Ga-Si で合成される[47]ことは注目に値するであろう．CoO_2 2次元物質でも最近超伝導[48]が発見されており，磁性と伝導の観点から興味深い．また，従来磁性体の最も代表的な物質として考えられていた鉄を構成元素とする物質から擬似的な2次元物質の AsFe 層構造で超伝導が出現して 50 K を超えたことは特筆に値する[49]．次元性と物性との関連は，まだ議論しなければならないことが多く残されていると言える．

本章では，新しい磁性という観点を中心に伝導と磁性の総括から始めて，最近のいくつかのナノ構造物質群を取り扱った．温故知新的物質ではあるが極限環境下で興味深い物性を示すものがある．例えば，酸素は高圧下で超伝導になる[50]．また，単純金属の Li も高圧下で超伝導になる．さらには，磁性体である純粋な Fe さえも高圧下で超伝導が発現する．また，$\lambda\text{-}(BETS)_2FeCl_4$ が 18 T 以上の高磁場で磁場誘起超伝導を起こす[51]事も磁性と電導の観点からは興味深い．このように極限環境下で新しい物性を観測する研究も，新しい進展をみせている．

文　　献

1) H. Akamatsu, H. Inokuchi, Y. Matsunaga, Nature **173**, 168 (1954).
2) H. Shirakawa et al., J. Chem. Soc. Chem. Commun. **578** ??? (1977).
3) D. Jerome et al., J. Physique Lett. **41**, L95 (1980).
4) E. Wasserman et al., J. Am. Chem. Soc. **89**, 5067 (1967).
5) K. Itoh, Chem. Lett., **1**, 235 (1967).

6) M. Kinoshita et al., Chem. Lett. **1991**, 1225 (1991).
7) J. Kondo, Prog. Theor. Phys. **32**, 37 (1964).
8) T. Kasuya, *Magnetism IIB* (Academic Press, 1966).
9) RKKY 相互作用と近藤効果に関する記述は,倉本義夫,「量子多体物理学」(現代物理学「基礎シリーズ」第 7 巻. 朝倉書店, 2010 年) に詳しい記述がある.
10) I. Dzyaloshinsky, J. Phys. Chem. Solid **4**, 241 (1958).
11) T. Moriya, Phys. Rev. **120**, 91 (1960).
12) T. Moriya, Phys. Rev. **117**, 635 (1960).
13) L. M. Sandratskii, J. Kubler, Mod. Phys. Lett. B **10** 189 (1996).
14) C. Zener, R. R. Heikes, Rev. Mod. Phys. **25**, 191 (1953).
15) A. P. Ramirez, J. Phys.- Condensed Matter **9**, 8171 (1997).
16) J. Bardeen, L. N. Cooper, J. R. Schrieffer, Phys. Rev. **108**, 1175 (1957).
17) J. Bardeen, L. N. Cooper, J. R. Schrieffer, Phys. Rev. **106**, 162 (1957).
18) W. A. Little, Scientific American **212**, 21 (1965).
19) W. A. Little, J. Polym. Sci. (Part C - Polymer Symposium) **29**, 17 (1970).
20) T. Moriya, K. Ueda, Rep. Prog. Phys. **66**, 1299 (2003).
21) T. Moriya, K. Ueda, Adv. Phys. **49**, 555 (2000).
22) G. Q. Zheng et al., Phys. Rev. B **70**, 014511 (2004).
23) M. Fiebig, J. Phys. D - Applied Physics **38**, R123 (2005).
24) R. Ramesh, N. A. Spaldin, Nature Materials **6**, 21 (2007).
25) H. M. McConnell, J. Chem. Phys. **39**, 1910 (1963).
26) H. M. McConnell, Proc. R. A. Welch Fund. Chem. Res. **111**, 144 (1967).
27) Y. Teki, T. Takui, K. Itoh, J. Chem. Phys. **88**, 6134 (1988).
28) J. S. Miller, J. F. Epstein, W. M. Reiff, Science **240**, 40 (1988).
29) J. M. Manriques et al., Science **252**, 1415 (1991).
30) R. Sessoli, D. Gatteschi, A. Caneschi, M.A. Bivak, Nature **365**, 141 (1993).
31) W. Wernsdorfer et al., Phys. Rev. Lett. **96**, 057208 (2006)
32) A. Caneschi, D. Gatteschi, R. Sessoli, J. Am. Chem. Soc. **113**, 5873 (1991).
33) K. Takea, K. Awaga, Phys. Rev. B **56**, 14560 (1997).
34) M. Konig et al., J. Phy. Soc. Jpn. **77**, 031007 (2008).
35) N. Kawakami, Prog. Theor. Phys. **91**, 189 (1994).
36) E. I. Rashba, Sov. Phys.- Solid State **2**, 1109 (1960).
37) X. L. Qi, T. L. Hughes, S. C. Zhang, Nature Physics **4**, 273 (2008).
38) D. Hsieh et al., Nature **452**, 970 (2008).
39) S. Hufner et al., Rep. Prog. Phys. **71**, 062501 (2008).
40) T. Timusk, B. Statt, Rep. Prog. Phys. **62**, 61 (1999).
41) K. Ishii, A. Fujiwara, H. Suematsu, Phys. Rev. B **65**, 134431 (2002).
42) P. M. Allemand et al., Science **253**, 301 (1991).
43) T. L. Makarova et al., Nature **413**, 718 (2001).
44) Y. Nozue, T. Kodaira, T. Goto, Phys. Rev. Lett. **68**, 3789 (1992).
45) J. Nagamatsu et al., Nature **410**, 63 (2001).
46) D. P. Young et al., Nature **397**, 412 (1999).

47) M. Imai et al., Phys. Rev. Lett. **87**, 77003 (2001).
48) K. Takada et al., Nature **422**, 53 (2003).
49) Y. Kamihara et al., J. Amer. Chem. Soc. **130**, 3296 (2008).
50) K. Shimizu et al., Nature **393**, 767 (1998).
51) S. Uji et al., Nature **410**, 908 (2001).

8 ナノ物質機能の電子デバイスへの応用

ナノ構造物質は微小領域で様々な特徴のある構造を有し，その構造ならびに電子状態と関係して多種多様な物性が発現する．このような物質の機能を利用して，社会に必要な製品を製造するために考案された部品あるいはひとつの製品が機能デバイスである．機能デバイスそれ自体で使用できるものもあれば，他の機能デバイスと組み合わされてはじめて役に立つ機能デバイスもある．機能デバイスは簡単なものから複雑なものまでいろいろな形がある[*1]．本章では機能デバイスに関してその原理を説明するとともに，本書で記述してきたいくつかのナノ物質の機能との関係を具体的に記述することにより，次世代に向けたデバイスの観点からナノ構造物質の位置づけを考えることにする．

8.1 物質の機能

機能デバイスを議論するにあたって，機能を発現する基礎要素を分類する．機能を担う基本的要素は，電子・ホール，フォトン (光)，フォノン (振動) ならびに構造があげられる．各項目に関して，現象をまとめてみる．

- [機能発現の基礎要素と関係する物性]
    - 電子およびホール[*2]：電子磁気モーメントによる磁性，電荷の流れである電気伝導，軌道角運動量の流れである純スピン流，ペルチエ効果[*3]
    - フォトン：光吸収，光発光，光反射，光透過，光偏光，光干渉，光変調

[*1] 例えば，温度・湿度センサはそれ自体が製品となり得る機能デバイスであるし，トランジスタは他の製品を製造するために利用される機能デバイスと言える．
[*2] 電荷を有したイオン種などもこの範疇に入る．
[*3] 電位差によるキャリヤの分布を利用した電位から熱への変換のこと．

- フォノン：吸熱，発熱，熱伝導，ゼーベック効果[*1)]
- 構造：硬度，柔軟性，包摂，人工超格子

このような機能は物性ならびにデバイスの観点から下記のように整理される．
- [物性およびデバイス]
    - 電子およびホール：電気伝導および超伝導，電気分極と誘電，磁気偏極と磁性，磁気メモリ，電池，電子回路
    - フォトン：ディスプレー，立体ホログラム，光計測，光メモリ，光電変換
    - フォノン：暖房・冷房，熱電変換
    - 構造：機械的特性，量子閉じ込め，超格子，封止剤，高強度素材

8.2 ナノ構造が活用される種々のデバイス

8.2.1 発光素子

電界発光素子 (Electroluminescent Device) の原理は，物質に電界をかけることによって固体に電子とホールを陰極ならびに陽極から注入して，注入された電子とホールの再結合 (e-ph Geminate Recombination) によって形成されるエキシトンからの発光を利用するものである．この現象は，実際に無機半導体においてp型とn型のpn接合を薄膜で形成して発光素子やレーザとして利用されている[*2)]．これに対して，半導体でもナノ構造を有する分子半導体の場合には，発光効率が低いためにほとんど注目されていなかった．しかし，コダック社のタン (Tang) 等が，2種類の有機薄膜 (電子移動膜とホール移動膜) を積層するとその界面で効率良く再結合が生じ強い発光現象が観測されることを見出した事を契機に研究が大きく発展した[1)*3)]．

[*1)] 熱の差によるキャリヤのボルツマン分布を利用した熱から電圧への変換．ゼーベック効果は，温度勾配の方向に発生する電位に関して使用される言葉で，温度勾配と垂直方向に発生する電位の現象はネルンスト効果という言葉が使用される．

[*2)] 1900年代に青色発光素子がGaNで達成され大きな反響を引き起こした．この材料の場合には，キャリヤを導入するために使用するAl近傍にナノ構造ができ，その構造にエキシトンが集中することにより材料の欠陥があまり問題にならない特異性が出現していることが確認されている．

[*3)] きれいな界面を形成するために，積層膜構造を作成する目的で連続で成膜できる真空装置が使用される．最近では，高分子系のEL材料も研究されていて，スピンコーティング法でも成膜されるようになっている．

8.2 ナノ構造が活用される種々のデバイス

有機電界発光素子 (OLED) の原理は，図 8.2 に示すように有機薄膜に電界を加えることにより陽極から正孔を陰極から電子を有機薄膜に注入して，正孔と電子の再結合により生成するエキシトン (励起子) 状態が基底状態に戻る際の発光を取り出すものである．したがって，この過程は太陽電池のプロセスと逆の過程となる．分子材料を対象として一般に使用されることが多い素子構成は，電極から正孔を注入しやすいアミン系有機物の正孔移動物質 (p 型半導体) と電子を注入しやすい電子移動物質 (n 型半導体) であるキレート系等の材料を接合させる pn 接合薄膜である．例えば，アルミニウムを中心金属としたこのキレート材料は，非常に発光効率がよく 450 nm 付近の緑色の発光を示す．発光を取り出すために ITO (インジウム・チタン・オキサイド) 透明電極を用いる．発光は，pn 接合の界面の励起子から生じる．

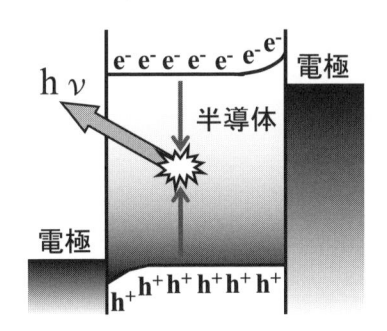

図 8.1 電界発光素子のバンド構造と発光原理

OLED デバイスを分子半導体を用いて作成する場合には，例えば C_{60} は高い易動度[*1)] を有する n 型半導体であるので電子移動層として用いるが，発光効率が極めて悪いので発光層としては用いられない．有機半導体では一般に n 型半導体が極めて少ないので，C_{60} の電界効果易動度が大きいという利点を活用する方向で，C_{60} に関する OLED の研究は進展している[3)]．この他に，電子

[*1)] mobility の正式な日本語訳は易動度である．しかし，最近では移動度という言葉も頻繁に使用されている．電界効果易動度は，単にデバイスにおけるキャリヤの見かけの易動度を表す指標でしかない事に注意する必要がある．例えば，電極と半導体との接触抵抗なども電界効果易動度に組み込まれて入ってくる．したがって，電界効果易動度は，光パルスを使用して測定する本質的な易動度より一般に低い値となる．

移動層に C_{60} を混入させてより移動度の高い電子輸送層に改質するという使用法も検討されている.

ELディスプレーは液晶とは異なり，バックライトを使用しないために薄くでき，また見る方向依存性が少なくコントラストが高い．最近，新聞でもEL素子開発が日本における大きなプロジェクトになったということが出ている．近い将来，テレビを大画面のELディスプレーで見ることになる時代が訪れると思われる.

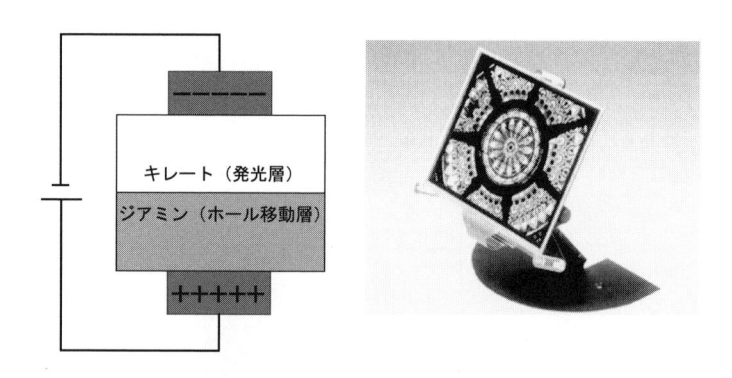

図 8.2　電界発光素子の構造と最近開発された EL ディスプレー

8.2.2　分子半導体トランジスタ

電界効果トランジスタにおいて分子半導体を用いた電子デバイスは，柔軟性や軽量化の観点から将来を期待されている．一般に分子半導体ではn型となる半導体物質が少ないことを考えると，n型半導体の特性を示す C_{60} は注目される物質と言える．C_{60} をトランジスタとしてはじめて研究したのは，ベル研究所(現ルーセントテクノロジー) のハドン (Haddon) 等である[5]．この初期の研究で，電界効果トランジスタとしての C_{60} 薄膜の電界効果易動度は $0.5\,\mathrm{cm^2\,V^{-1}\,s^{-1}}$ と非常に高いことが示された．その後，分子半導体を利用した電界効果トランジスタの研究は大きく進展して現在に至っている.

分子電界効果トランジスタの原理を，シリコン半導体電界効果トランジスタと比較して述べる．図8.3に示すように，シリコン半導体を電界効果形トランジスタとして使用する場合，通常は基本となるわずかな不純物が導入されている

8.2 ナノ構造が活用される種々のデバイス

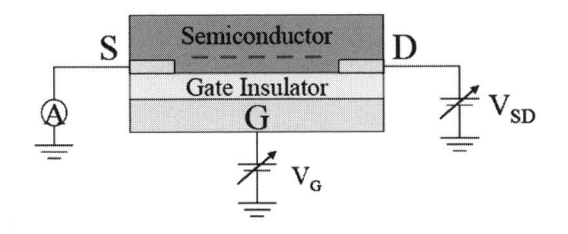

図 8.3 有機半導体 FET の代表的な構造：本構造は，ボトムゲート/ボトム電極の構造である．構造によって，ボトムゲート／トップ電極，トップゲート／トップ電極などの型の FET がある．

半導体と電極の界面近傍に，反対の極性を有する不純物を高濃度に拡散させた不純物ドープ層を形成する．この不純物キャリヤがソース (S) とドレイン (D) の間に電流が流れるチャネルを形成する．このチャネルを絶縁膜を介してゲート (G) 電圧で空乏層[*1)]の形を変化させることにより電流–電圧特性を制御する．しかし，一般に分子電界効果型トランジスタは真性半導体であり，分子半導体に電極から正孔あるいは電子キャリヤを直接に注入する構造を用いるという大きな違いがある．トランジスタ特性には 2 種類の特性曲線がある．ひとつは，S-D 間の電圧と電流に関する関係 $I_{SD} - V_{SD}$ 曲線で出力特性と称される．もうひとつは，ゲート電圧 V_G を変化させた場合の $I_{SD} - V_G$ 曲線で，伝達曲線と称される．実際には，電界効果型トランジスタ素子の特性を表すグラジュアルチャネル近似の式[6)]にしたがって，$\sqrt{I_{SD}}-V_G$ の関係式でプロットすることが多い．デバイスの形状因子を補正すると，この傾きが，用いられた分子半導体の電界効果易動度を与える．

分子電界効果型トランジスタの特性で重要な物理変数は，電界効果型易動度 μ，出力特性で得られるオン–オフ比，伝達特性で得られるテール値[*2)] である．現況における C_{60} 半導体薄膜は，$\mu = 0.8 \, \text{cm}^2 \, \text{V}^{-1} \, \text{s}^{-1}$ と多結晶薄膜の中では，非常に良い特性を示す．しかし残念ながら，雰囲気の影響を受けやすく，大気中ではその特性は極めて悪くなってしまうことが知られている．

[*1)] キャリヤの分布が存在しない領域で，電流を流す正味の電荷が零の領域のことを意味する半導体用語．

[*2)] $\delta \log(I_{SD})/\delta(V_G)$：電流を 1 桁変化させるのに必要な V_G の値をもってその大きさを定義する．増幅効率に相当するもので，写真でいうコントラスト γ 値に相当する．

電界効果型分子半導体トランジスタ構造では,電極の仕事関数を制御することによりキャリヤの注入を制御できることが知られている.すなわち,多くの分子電界効果型トランジスタは,接合の場合に真空準位を基準として測定した2つの半導体のフェルミ準位が独立であるショットキー・モット極限にある.この状況は,多くの無機半導体から作られる電界効果型トランジスタが電極の仕事関数を変化させても,熱平衡状態を経て電極に用いる金属のフェルミ準位と無機半導体のフェルミ準位がピン止めされてしまうバーディーン極限にある状況と大きく異なっている.したがって,多くの場合n型半導体の場合でも,電極の仕事関数を小さくすることでp型半導体特性が発現することが知られている.このように,分子電界効果型トランジスタでは,電極の仕事関数を変化させることにより正孔と電子の両方を注入できる両極性トランジスタとすることができる.この事は,ゲート電圧に対してソース電圧とドレイン電圧を制御することにより,チャネルのある位置において正孔と電子を再結合させて励起子を形成して発光を発現させる OLED トランジスタへの道を開拓できる可能性を意味する.実際に発光分子トランジスタならびに分子トランジスタレーザの研究が現在活発に行われている.

8.2.3　電荷結合素子

電荷結合素子 (CCD：Charge Coupled Device) は固体撮像素子として,最近では一般に普及しているビデオカメラ,デジタルカメラに使用されている.1969年アメリカ Bell 研究所のジョージ・スミス (George E. Smith) 氏とウィラード・ボイル (Willard S. Boyle) 氏が発明した[4] 撮像管[*1] に比べ小型軽量であり,また銀塩写真と異なり現像が不要で直ちに画像を得ることができる特徴をもつ,現代の代表的な電子デバイスである.この功績により 2009 年のノーベル物理学賞は,光通信ファイバを発明したチャールズ・カオ (Charles K. Kao) 氏とともに CCD の原理に対してこの二人に与えられた.

CCD 素子は,図 8.4 に示すように光を電気信号に変換する部分[*2] と変換された電気信号を転送する部分から構成されている.前者で発生した信号は,後

[*1]　映像を撮影する真空管のこと.
[*2]　半導体の特性である光電効果による光信号の電気信号への変換を用いるもので,入射した光量に応じて電荷を発生する半導体光電変換材料が用いられる.

8.2 ナノ構造が活用される種々のデバイス 167

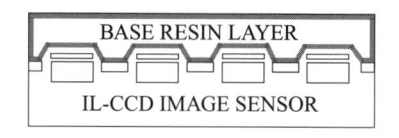

```
BASE RESIN LAYER
IL-CCD IMAGE SENSOR
```

図 8.4 CCD の構造

者を経て出力される．特に電気信号の転送部分は，生じた電荷を保持し与えられたクロック信号に従い隣の転送素子に渡す働きをする．半導体の内部で隣接する電荷を蓄積するポテンシャル井戸構造を用いて互いに結合して電荷を移動させる．

CCD は光の強弱を記録するだけで，色の違いを記録することはできない．そこで実際には，カラー色を達成するために，赤青緑の色フィルター使用することで色の情報を記録して再現する．基本的な光の三原色とよばれる赤青緑の 3 つの色を使用することで，多種多様な色を実現する．実際の CCD では，このような光アレイを何万個も並べている素子構成となっている．

CCD 素子は，画素の数を微細加工を用いて増やしていくことにより，高解像度の CCD 素子が達成できる．10 年前から比べると現在の CCD 素子の画素数は非常に高いものとなっている．銀塩を基本とする写真と比較しても，CCD 素子の解像度は問題がなくなるくらい進歩している．問題は，光電効果による光から電気への変換効率が悪いことにある．高感度の CCD を達成するために，現在でも種々の工夫がなされている．

8.2.4 太 陽 電 池

太陽電池は，その名前のとおり太陽の光エネルギーを変換して電気エネルギーに変化するデバイスである．太陽電池を最初に提言したのは，米国ベル研究所である．1954 年にプリンス (M. B. Prince) によってはじめて論文が発表されている[7]．太陽光は，種々の波長のスペクトルを有している．太陽電池はこの領域の光エネルギーを使用して，バンド間で励起状態をつくり，その励起状態としてのエキシトン状態から電子とホールを電荷分離させて電位を発現させる．すなわち，アインシュタインが発見した光電効果に原理をおくエネルギー変換素子である．太陽電池を達成するために，歴史的背景から単結晶シリコン半導

体が太陽電池素材として最初に用いられた.現在でも,シリコンおよびゲルマニウムは,太陽電池素材の主流となっている.

太陽の光エネルギーを半導体に照射すると,図 8.5 に示すように半導体中ではホールと電子の電荷分離が生じる.太陽電池は,この電荷分離を半導体の pn 接合を利用して電圧として取り出す.p 型の半導体と n 型の半導体を接合すると,一般には熱平衡状態に達して,フェルミ準位がそろう.その結果,pn 接合の界面ではキャリヤの相互流入のために空乏層が形成される.光が照射されるとこの界面で正孔と電子の電荷分離が生じて,電子は伝導体へ励起され正孔は価電子帯に残る.このために電位差が生じる.一般的には,最大出力 $P_{max} = IV_{max}$ を与える最大出力点が存在する.光照射時に両端子を解放した場合の出力電圧を開放電圧 V_{oc},短絡した場合の電流を短絡電流 I_{sc} として,曲線因子 $FE = [V_{max}I_{max}]/[V_{oc}I_{sc}]$ を定義する.そして照射光の入力エネルギー $1000\,\mathrm{W/m^2}$ で規格した測定で,変換効率を $\eta = V_{oc}J_{sc} \cdot FE$ として公称変換効率を定めている.現在,多結晶シリコンで 15% 以上の変換効率が得られて実用化されている.最近の報告では,単結晶シリコンで 37% というデータもある[2].

分子材料を用いた太陽電池は,印刷技術等の大面積で簡易かつ安価な製膜方法を適用できる可能性があり,大幅な低コスト化が期待できる[9,10].現在,最も効率の良い有機太陽電池の効率は 6% 程度である.柔軟性が高い素材でできた太陽電池で,繊維にも織り込むことが可能であり,様々な応用の可能性がある.変換効率の理論的限界が 37.5% であることを考えると,将来変換効率が 30%

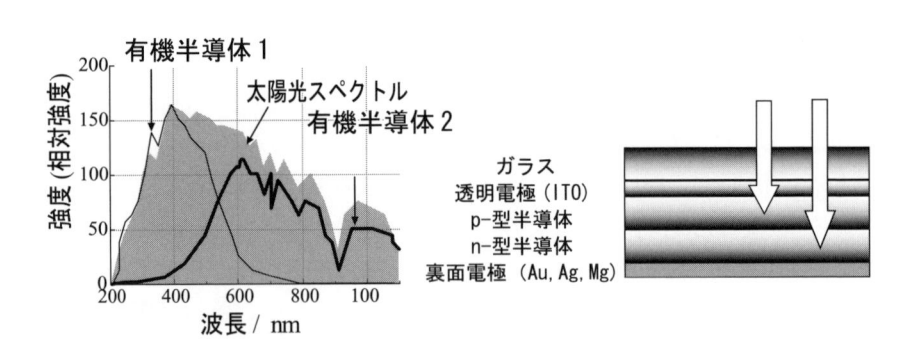

図 8.5 太陽光のスペクトルと太陽電池の構造

に近づく太陽電池が開拓された場合,携帯電話,衣類,自動車などに付け,移動しながら電気製品に電力を供給することも可能である.

一般的には,高性能な n 型の分子半導体は少ない.高性能な n 型半導体を探索して,p 型半導体であるフタロシアニンやポリチオフェンと組み合わせる pn 接合を基本にして,太陽電池の研究が精力的に行われているが,効率は1～5%とそれほど高いものではない.最近は種々のナノ構造を有する分子半導体が研究されている.C_{60} 固体はバンドギャップが 2 eV 程度の半導体であり,シリコンのバンドギャップが約 1.2 eV 程度であることを考えると,実際に太陽電池として適用する場合に,使用できる太陽光線のエネルギー帯の観点からは好ましい位置にあるといえる.実際に,C_{60} 誘導体として,塗布型 n 型半導体材料として,PCBM[*1) が開発され注目されている.これを p 型半導体材料のポリ(アルキルチオフェン)[*2) などと組み合わせて,太陽電池を作成した例が報告されている[8).太陽電池の研究もその実用化の状況に応じて,将来ノーベル物理学賞が与えられるかも知れない.

8.2.5 プリンタ感光体

電子写真プロセスの原理は,1938 年米国の C.F. カールソンによって発明された.このカールソンの発明に関しては,多くの逸話が残されている[12).現在プリンタ等に使用されている感光体は,光照射による半導体のキャリヤ分離生成を基礎としている.図 8.6 に示すように,円筒形のドラムに感光体の薄膜を形成しておいて,コロナ放電でドラム表面を帯電させる.その表面に光照射で発生した電荷により文字や画像を書き込む,それを帯電したトナーを用いて紙に転写する.この原理は,光電変換であるので,使用する光の波長がプリンタ感光体の場合にはある程度選択できること以外は,材料相互の変換効率の関係は太陽電池と良く似ている.効率の観点からは,単結晶シリコン,多結晶シリコンが有機半導体に比べて高いことは同じである.しかし,プリンタ用の感光体は,値段を重視して短期消耗品として開発されてきた経緯により,現在ではフタロシアニン系の材料が用いられている.日常に経験するように半年程度の

[*1) phenyl C61-butyric acid methyl ester と呼ばれる,フェニル基とエステル部位を持った C_{60} の誘導体.
[*2) poly (alkylthiophene):硫黄を含んだ高分子のひとつ.

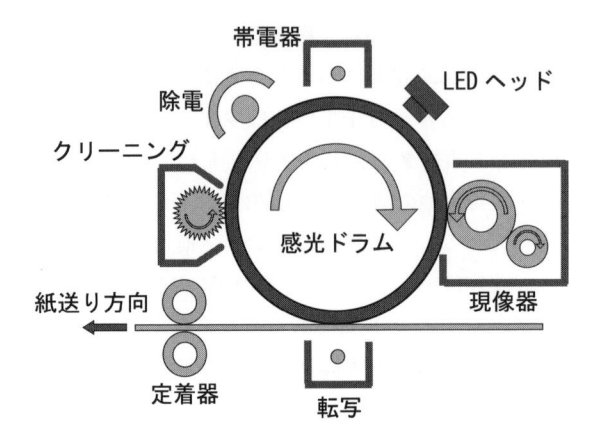

図 8.6 感光体のプリンタにおける役割とその原理

期間で取り替えることが多い.

フタロシアニンの代替の可能性として，フラーレンが研究された経緯がある．例えば，「キヤノン，フラーレン使用の電子写真感光体を出願」というような記載が 2004 年日経先端技術ナノテク専門ニュースレターに掲載されている．報告によるとフタロシアニン系材料よりも優れた特性を示す．しかし，有機感光体は，消耗品の性格が強い商品であるために，現在までフラーレンが使用された感光体は製品として販売されていない．

8.2.6 高密度磁気記録素子

フラーレンなどのナノ構造固体には，磁性を発現する局在電子スピンがない．したがって基本的には磁気記憶素子への応用は望むことができない．しかし，多面体物質では内部空間が存在するので，この内部空間には磁性元素を内包させることが可能である．例えば，このような代表的な物質として $La@C_{82}$ などがある．フラーレン生成時にある種の金属元素を加えておくと，分子の内部空間に金属原子を包み込んだ内包フラーレン $M@C_{82}$ などが得られる．これまでの研究によると，La 以外にも Sc, Ce, Ti などを内包した内包フラーレンが得られている．2 つ以上の金属原子を含んだ $Sc_2@C_{74}$，2 種以上の元素を内包した $Sc_3N@C_{80}$ などの化合物も得られている．最近，金属ではなく窒素原子を閉

じこめた $N@C_{60}$ や有機化学的な手法によってフラーレン骨格に穴を開ける手法により $H_2@C_{60}$ が化学反応を用いて合成されている．このような磁性原子を含む固体では，複雑な磁性状態が発現する[11]．また多面体内部に存在する La の位置に依存して，発現する磁性が変調を受ける．このような特性を利用すると，分子単位の磁気メモリが理論上は可能となる．しかし，現実にはこのような研究は実施されていない．

8.2.7　ホトケミカルホールバーニング

フォトクロミズムという現象がある．光照射によって物質の色が可逆的に変化する現象のことである．例えばフルギドは赤色の構造と紫外域に吸収を持つ透明なナノ構造異性体を持つ有機分子で，吸収される波長の光を照射すると，相互に可逆的に変換して色が変化する．古くから光メモリの素材とし考えられた材料である．これとは異なる現象で，永続的ホールバーニングという現象がある．これは，ガラス中の遷移金属や希土類イオン，高分子やガラス中の有機色素分子などのような固体に光を照射すると，照射した波長の吸収が減少して吸収帯の中に透過率が非常に低い狭い線幅の非吸収帯ができる現象である．したがって，不均一に広がった吸収スペクトル帯の中を狭い線幅のレーザを照射すると，吸収スペクトル帯に非常に多くの非吸収帯が形成される．この非吸収帯の状態が励起状態の寿命よりも十分に長時間続くことがあり，この現象が永続的ホールバーニングである．

永続的ホールバーニングは，光情報記録に用いると，波長多重記録によって記録密度を飛躍的に高められる可能性があるが，通常は液体ヘリウム温度程度の低温が必要となるという難点がある．

8.3　次世代デバイス

8.3.1　分子デバイス

ナノ物質が次世代デバイスとして一番注目されたのは，分子素子としての展開である．分子素子は，様々な分子を組み合わせて，分子間の電子のやり取りにより演算を行わせる概念を有するもので，カーターにより様々な概念が提案されている[13]．図 8.7 に示すように，実際に AND–回路や OR–回路に関して，

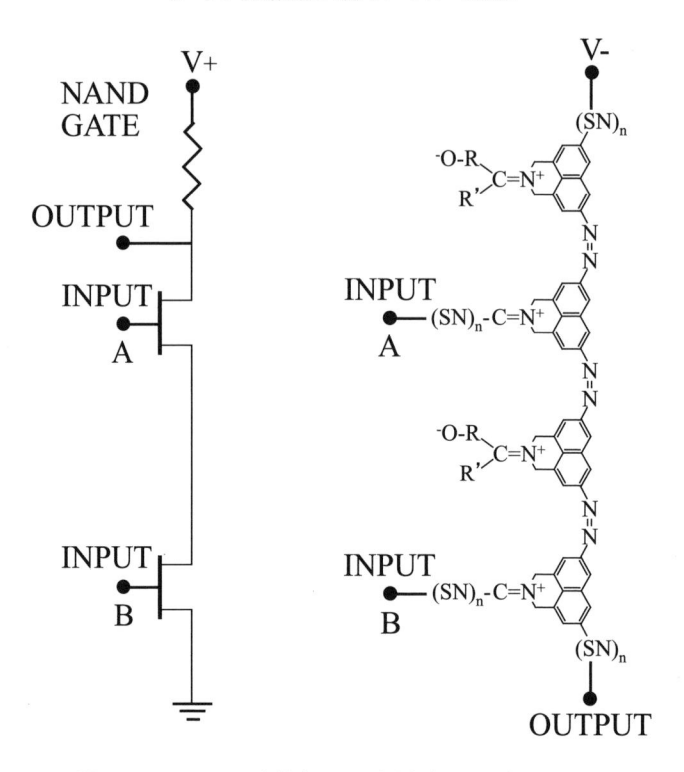

図 8.7　カーターにより提案された分子を利用した分子デバイス

議論が活発になされた．例えば，図 8.7 に示した分子は，電場を与えることで，正の荷電を有した分子部位を中性の状態に変化させる事ができる．仮に電場勾配を適用する事で自由に電子状態を分子部位ごとに制御できれば，多値メモリならびに演算素子などの次世代電子デバイスへ応用できる．しかし，外部から何らかの作用を施した場合に，様々な分子機能を発現する物質は多く存在するものの，分子へ具体的なアクセスをどうするか，など多くの問題がでている．現在は，分子へのコンタクトの面から再度着実な研究がなされている状況にある．

8.3.2 人工超格子と物性

人工超格子の概念は，1969年に江崎 (当時 IBM) により提案された．このナノサイズの人工結晶という考えは当時の科学における大きなパラダイムシフト[*1]であった．当時，半導体超格子を具体的に実現する方法として，不純物濃度を変調させることが提案された．その後，実際に分子線エピタキシー (MBE) 法を適用することにより，GaAlAs 系超格子において実際に特異な現象が観測された．さらに，超格子のポテンシャル井戸に生じる離散的エネルギー準位から，隣接する井戸のエネルギー準位への共鳴トンネル現象なども実験的に確認されている[14]．

人工超格子などの構造は，低速電子線回折 (Low Energy Electron Diffraction：LEED) や X 線光電子分光 (X-ray Photoelectron spectroscopy：XPS) を用いて測定することができる[*2]．人工超格子は，次世代のデバイスをになう量子効果を生み出す物質開発として適用されている．特に，半導体超格子は，積層の厚さの加減や原子の種類の選択などにより，そのバンド構造を比較的自由に制御することができ，デバイスへの応用が期待されている．同様の超格子は，磁性/非磁性人工超格子にも適用されている．強磁性金属と非磁性金属を組み合わせて作製される超格子構造に対して，巨大磁気抵抗効果が発見され，スピントロニクスへの応用が急速に進展している．

比較的大きなサイズの人工結晶としては，フォトニック結晶を考えることができる．光の波長と同レベルのサイズの人工格子を作成することにより，光学領域におけるバンドを作製するもので，フォトニック結晶によって，結晶中の電子の場 (フェルミ粒子場) が持つようなバンド構造を光に対して作り，光の場 (ボゾン粒子場) を自在に操ろうという研究が現在活発に行われている．このような人工格子を駆使することにより発現する新規な物性を有するナノ構造材料

[*1] 科学に関する考え方の根本的改革のこと．
[*2] 超格子という言葉は，一般的には優れているような感じを与える言葉である．しかし，超格子で用いられる "超" は間延びの意味で，通常の格子より伸びた格子を意味する言葉である．間伸びの概念を含有する言葉が，最新のテクノロジーを生みだすという図式はどこか興味深い．超格子は一般には元の格子より単位格子が大きくなり，また消滅則もあるので，元の格子で観測される以外の新しい回折線が観測される．このような回折線は LEED を用いて測定される．また，XPS で 1 次 X 線照射により放射される電子のスペクトルから試料の構成元素や化学的性質を知ることができる．表面の原子が規則正しい配列を持っていると，その配列を反映した回折パターンが得られる．

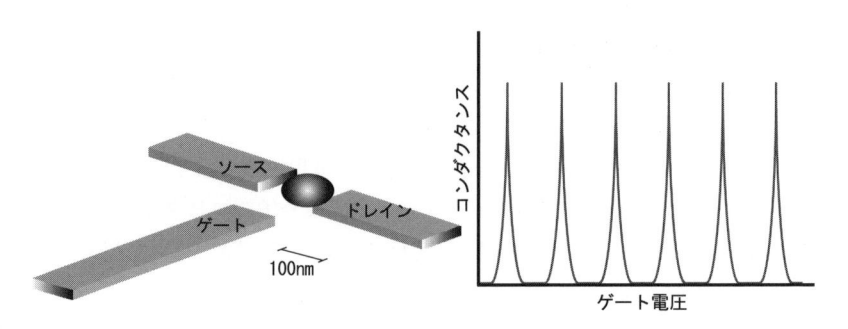

図 8.8 クーロンブロッケイド現象を利用した素子とその特性

をメタマテリアルとよんでいる.

最近では，人工超格子の概念は実際のデバイスへ展開されて，高速電界効果トランジスタ (HEMT)[*1]や優れた高周波特性を活かした無線通信などが実現されている. さらには，多重量子井戸構造を利用した実現したエネルギー状態密度の変化を利用した半導体レーザや，半導体受光デバイスが実現され，現在では光通信になくてはならないデバイスとなっている.

超格子構造の次元を減らしていった 0 次元状態が，量子ドットである. このような量子ドットには，電子・正孔や励起子が閉じ込められてエネルギー状態は離散的となる[15]. 量子ドットは，半導体レーザ，発光素子，光非線形スイッチ，メモリ，量子コンピュータ素子などへの応用が検討されている.

8.4 次世代デバイスの最後に

これまで，クラスタ・微粒子・ナノ結晶に関する研究が着実に 40 年近く続けられ，様々な新しい物性が出現する事が期待されるようになってきた. 現在では結晶にまで結びつく大きなサイズのナノ物質を作り出す事ができるようになり，物性研究が大きく進展しようとしている. グラファイトおよびダイヤモンドなど従来の固体から，量子ホール効果や予想を超えた高い臨界温度を示す超

[*1] High Electron Mobility Transistor の略. バンドギャップの大きな領域に不純物ドープすることにより導入された伝導電子または正孔が，バンドギャップの狭い隣接領域にしみだし，本来無ドープ層領域の界面で不純物散乱をうけることなく高速に移動することを利用した半導体超格子 FET で，このようなドーピングの行い方を変調ドーピングとよぶ.

伝導など，新しく発現する現象とナノ構造との関係が注目されている．このように，ナノ領域と関係した物質および物性は絶えず発展を続けている．

1個の分子の電気伝導はどのようなものであるのかという研究は現在ようやくその途に着いたばかりである．このような研究は，分子エレクトロニクスと称され，分子設計と電子デバイスの融合によって新たな現象や概念が発見され，いずれ訪れるであろうシリコン半導体ロードマップの微細化限界に対して，全く異なる概念に基づく材料ならびにデバイス概念が創出されると思われる[16]．

新しい物質が発見されたとき，その物質から期待される構造の新規性ならびに多くの物性研究が進展する．物性物理は新物質の発見があり著しく進展する．新しい物質の発見により，すぐに新しい材料としての発展があることは稀である．物質の発見から応用までの道のりは険しいのが通常である．ナノ構造物質を原料として用いた場合の展開は，まだ多くの可能性が残されている[21]．研究開発から応用への道は，いつの時代でも容易ではない．考えうる限りの想像力を働かせて，次世代の新素材を追求し続ける必要があろう．

文　　献

1) C. W. Tang, J. M. Shi, Appl. Phys. Lett. **70**, 1665 (1997)
2) C. Trrumpel et al., Solar Energy Materials and Solar Cells **91**, 238 (2007).
3) X. D. Feng et al., Appl. Phys. Lett. **86**, 143511 (2005).
4) http://nobelprize.org/nobel_prizes/physics/laureates/2009/：Charles　K.　Kao; Standard Telecommunication Laboratories, Harlow, United Kingdom; Chinese University of Hong Kong Hong Kong, China: For groundbreaking achievements concerning the transmission of light in fibers for optical communication; Willard S. Boyle, Bell Laboratories, Murray Hill, NJ, USA; George E. Smith, Bell Laboratories, Murray Hill, NJ, USA: For the invention of an imaging semiconductor circuit—the CCD sensor.
5) R. C. Haddon et al., Appl. Phys. Lett. **67**, 121 (1995)
6) J.-Pierre Colinge, C. A. Colinge, *Physics of Semiconductor Devices* (SPringer, 2002) chap.5.
7) M. B. Prince, Phys. Rev. **93**, 1204 (1954).
8) N. S. Sariciftci et al., Appl. Phys. Lett. **62**, 585 (1993).
9) C. Y. Kwong et al., Jap. J. Appl. Phys. **43**, 1305 (2004).
10) A. Alem et al., J. Vac. Sci. Technol. **A24**, 645 (2006).
11) S. Schaefer et al., Sol. State Sci. **11**, Sp. Iss. SI, 948 (2009).
12) http://www.kagawa-u.ac.jp/coip/advisor/text/c090801.pdf/search

13) F. L. Carter, *Molecular Electronic Devices* (Marcel Dekker, New York, 1982).
14) M. F. Crommie, C. P. Lutz, D. M. Elgler, Nature **363**, 524 (1993).
15) T. Inoshita, S. Ohnishi, A. Oshiyama, Phys. Rev. Lett. **57**, 2560 (1986).
16) F. Carter, Chem. Eng. News **62**, 49 (1984).
17) T. Blunier et al., Nature **374**, 46 (1995).
18) E. J. Brook, T. Sowers, J. Orchardo, Science **273**, 1087 (1996).
19) K. Tanigaki et al., Appl. Phys. Lett. **63**, 2351 (1993).
20) M. Sakurai et al., Jap. J. Appl. Phys. Part 2 **30**, L1892 (1991).
21) http://www.zyvex.com/nanotech/feynman.html: The classic talk given by Richard Feynman on December 29th 1959 at the annual meeting of the American Physical Society at the California Institute of Technology (Caltech).

索引

ア 行

ITO (インジウム・チタン・オキサイド) 透明電極　163
アインシュタインの関係式　25
アハラノフ–ボーム効果　25
RKKY 相互作用　110, 145, 146, 157
RKKY 転移温度　146
α–ボロン　111
α-モデル　80
アンダーソン局在　102
アンダーソンの定理　63
アンダーソンハミルトニアン　144
イオン化ポテンシャル　15, 16, 100, 102, 113
異常振動　104
イジングスピン系　153
位相干渉長　129
1 次元ハイゼンベルグモデル　39
ET 塩の面内配列様式　22
移動積分 t　140
異方性パラメータ　60
異方的 s 波　86
渦糸状態　72, 78
永続的ホールバーニング　171
エキシトン (励起子)　9, 163
s-d モデルハミルトニアン　144
s 波超伝導　63, 69, 77, 117, 119
X 線光電子分光 (XPS)　173
エネルギーギャップ　36, 57, 64, 71, 116, 124
FFLO 状態　84
Mn_{12} クラスタ　154
MgB_2 超伝導体　158
エリアッシュベルグ理論　58, 81, 118

エレクトライド結晶　99, 100
エーレンフェストの関係式　34, 60
重い電子系物質　146

カ 行

カイラルベクトル　129
拡張ヒュッケル　14
籠構造　102
κ-ET 塩の相図　49
κ-$(ET)_2$X の結晶構造　23
価電子結合法 (VB)　142
カーボンクラスレート　108
カーボンナノチューブ　7, 123
　多層——　7, 130
カルベン C($\uparrow,\uparrow$)　152
感光体　169
幾何学的同位体効果　88
幾何多重項　152
機能デバイス　161
逆スピンホール効果　156
強磁性的交換相互作用　1, 153
凝縮エネルギー　37, 54, 64, 71
強束縛モデル　16
強弾性　148
共鳴トンネル現象　173
共鳴ラマン　130
共鳴ラマン分光法　124
強誘電性　148
ギンツブルグ–ランダウ定数　56, 115
ギンツブルグ–ランダウ理論　53
空間反転対称性　20, 156
クーパー対　9, 56, 71, 83, 84, 90
久保効果　95
グラジュアルチャネル近似の式　165
クラスタフォノン　104

索引

クラスレート化合物　8, 107, 108, 109
グラファイト　100
グラフェン　7, 18, 116, 123
クーロン・ブロッケイド現象　135

ゲージ不変性の破れ　37

高易動度トランジスタ (HEMT)　127
高温超伝導物質　116
光学スペクトル　28
交互積層　11
高密度磁気記録素子　170
固体撮像素子　166
コヒーレンス長　55, 59, 65, 66, 78
近藤効果　145
近藤超伝導体　63
近藤転移温度　146

サ　行

サイクロトロン有効質量　30
3次元層間インターカレーション　114
3中心結合　111

$CoO_2$2次元物質　158
時間反転対称　63, 69, 156
磁気貫通効果　25
磁気記憶素子　170
磁気的量子振動効果　6, 25
次元交差　84
自己組織現象　97
自己組織制御　95
室温超伝導　8, 119
磁場侵入長　55, 72, 75, 78
磁場の補償効果　69
磁場誘起超伝導　69, 158
ジャッカリーノ–ピーター効果　67
ジャロシンスキー–守谷 (DM) 相互作用　147
　逆——　148
CuO_2　116
純スピン流　155
準粒子　43, 63, 72, 73, 75, 81
上部臨界磁場　58, 84
ジョセフソン結合モデル　59

ジョセフソン効果　70
ジョセフソン電流　59
ショットキー・モット極限　166
シリコンクラスレート　108, 117
シリコン半導体エレクトロニクス　125
シリコン半導体ロードマップ　175
C_{60}　7, 13, 112
人工超格子　173
真性半導体　165
振動子強度　30
スピン1重項　40, 66, 70, 71, 74
スピン角運動量　155
スピン・格子緩和率　32, 73, 83
スピン3重項　37, 40, 65, 70, 74, 83, 84
スピントロニクス　173
スピン・パイエルス転移 (状態)　5, 26, 32,
　40, 42, 47, 48
スピンフラストレーション系　111
スピンホール効果　155
スピン密度波 (SDW)　27, 35, 47, 83, 104
スピンゆらぎ　86
ゼオライト　8, 13, 99, 100
ゼーベック効果　107
全炭素量子デバイス (ACED)　138
走査型トンネル分光　72
走査トンネル顕微鏡 (STM)　127
SOMO　151

タ　行

ダイヤモンド　100
太陽電池　167
ダウンサイジング　126
多孔質系ナノシリコン　99
多孔性物質　8, 13
多面体クラスタ　98, 109
単一電子デバイス　135
単一トンネリング素子　136
単結晶シリコン　168
単分子磁石　153
窒化ハフニウム　116

索　引

秩序・無秩序型の相転移　22
チャンドラセカール–クローグストンの極限
　　磁場　64
超交換相互作用　147
超伝導擬ギャップ　33
超伝導ギャップノード　71
超伝導秩序変数　53
超流動スティフネス　90

ツェナーの2重交換相互作用　147

TLS 比熱　106
低速電子線回折 (LEED)　173
d 波超伝導　63, 77, 83, 86, 117
ディラックコーン　18, 100
デコレーション法　77
鉄ヒ素物質　116
デバイフォノン　104, 105
電界効果型トランジスタ　100, 132, 165, 166
電界効果トランジスタ　164
電荷移動塩 (電荷移動錯体)　15, 152
電界発光素子　162
　有機——　163
電荷結合素子 (CCD)　166
電荷秩序　5, 46
電荷不均衡化　47
電荷密度波 (CDW)　4, 35, 47, 104
電荷ゆらぎ　73, 86
電子供与性分子　3, 15, 114, 132, 151
電子写真プロセス　169
電子受容性分子 (アクセプター)　3, 15
電子親和性　3, 15, 113
電子–電子散乱　28
電子・分子振動結合　31, 87
電子輸送層　164
同位体効果　56, 87, 119
　幾何学的——　50
　逆——　87
銅酸化物系超伝導体　117
動的ヤーンテラー相互作用　118
ドーピング　131
トポロジカル絶縁体　157

トーマス–フェルミの遮蔽効果　43
朝永–ラッティンジャー液体　41, 47
トランジスタ　125
ドルーデモデル　25
トンネル磁気抵抗 (TMR)　137
トンネルダイオード発振　76

ナ　行

ナイトシフト　73
ナイトレン N(↑,↑)　152
内部空間　103
ナノ結晶　97
ナノ構造物質　102
2 次元スピン系　153
2 準位系　106
2 電子クーロン積分　143
2 電子交換積分　143
2 流体モデル　76
2 量体化　21, 26
2 量体化ギャップ　25

ネスティングベクトル　35
熱電変換素子　8, 106, 107, 108, 162
熱力学的臨界磁場　54, 65

ハ　行

パイエルス転移　37, 130
ハイゼンベルグ型直接相互作用　110
パウリの極限磁場 (常磁性極限磁場)　64, 65, 69
薄膜トランジスタ　133
発光素子　162
バーディーン極限　166
ハバードモデル　5, 45, 46, 86
バリスティック伝導　135
パリティ　70, 156, 157
反強磁性相互作用　141
反強磁性的スピンゆらぎ　33
反磁性ゆらぎ　116
半導体超格子　173
バンド幅 W　119

非 s 波超伝導　70, 71, 78
PGEC　107
BCS 超伝導体　110
BCS 理論　56, 57, 76, 80, 83, 116, 148
ヒステリシス　133
歪構造半導体　127
非整合電荷密度波　38
非線形電気伝導　38
非中心対称アニオン　21
非調和性　105
非調和フォノン　106
非調和ポテンシャル　105
ビーデマン–フランツ則　108
非フェルミ液体　41
ピーポッド　7
ヒュッケル近似　14, 152
表面インピーダンス　76
微粒子　97
ピン止め効果　39, 78

ファン・ホーベ特異性　124, 129
フェルミ液体　43, 44
フェルミ面　24, 35, 36, 44, 71, 80, 83, 101, 148
フォトクロミズム　171
フォトン (光)　161
フォノン (振動)　104, 161
　——の再規格化 (繰り込み)　87, 88
　——の分散関係　105
フタロシアニン　169
フラーレン　6, 13, 103, 112
フラーレン超伝導体のパラメータ　115
プリンタ感光体　169
フレキシビリティー　134
フロンティア軌道理論　14
分子間力顕微鏡 (AFM)　127
分子軌道　13
分子軌道法 (MO)　142
分子線エピタキシー (MBE) 法　173
分子素子　171
分子トランジスタレーザ　166
分離積層　11

β–ボロン　111
ヘーベル–スリヒターのコヒーレンスピーク　74, 83
ペルチエ効果　161
包摂機能　6, 103
ボーズ–アインシュタイン凝縮　90, 117, 148
ホトケミカルホールバーニング　171
ホトニック結晶　97
HOMO　13, 14, 151
ポリカルベン分子　1, 153
ポリチオフェン　169
ボルン–オッペンハイマー近似　142

マ 行

マグノンのゆらぎ　148
マクミランの表式　58, 83, 118
マジック数　98, 112
マックスウェルの法則　156
マッコーネルの提案　150
マルチフェロイクス物性　148
密度汎関数法　18
ミュー中間子共鳴　76
ムーアの法則 (Moore's Law)　126
メタマテリアル　174
モット絶縁体　39, 52, 86, 90, 100, 116, 143
モデルハミルトニアン　141
モビリティー (易動度)　35, 134

ヤ 行

ヤーンテラー効果　110
有機超伝導体の転移温度一覧　53
有機半導体　3
有機物質　149
有効質量　60
　光学的——　30
　サイクロトロン——　30
　再規格化された——　43, 146
有効ハイゼンベルグハミルトニアン　141

容易磁化軸　154

ラ 行

ラシュバ効果　156
螺旋度　7, 129
ラッティンジャーの定理　44
ラットリングフォノン　8, 104, 107

リトルの励起子機構　9, 84, 148
量子コンダクタンス現象　128
量子細線　135, 137
量子スピン液体　42
量子的サイズ効果　8
量子閉じ込め効果　99, 103

量子ドット　174
量子トンネル効果　106
量子ホール効果　174
臨界磁場　64, 65, 66, 115
　下部——　65
　上部——　64
　熱力学的——　54
臨界電場　38

LUMO　14, 151

レーザ　162

ローレンツ力　156

著者略歴

豊田 直樹（とよた なおき）
1948 年　広島県に生まれる
1975 年　東北大学大学院理学研究科
　　　　博士課程修了
現　在　東北大学大学院理学研究科教授
　　　　理学博士

谷垣 勝己（たにがき かつみ）
1954 年　兵庫県に生まれる
1989 年　横浜国立大学大学院工学研究科
　　　　博士課程修了
現　在　東北大学大学院理学研究科教授
　　　　工学博士

現代物理学［展開シリーズ］6
分子性ナノ構造物理学　　　定価はカバーに表示
2010 年 8 月 25 日　初版第 1 刷

著　者	豊　田　直　樹	
	谷　垣　勝　己	
発行者	朝　倉　邦　造	
発行所	株式会社　朝倉書店	

東京都新宿区新小川町 6-29
郵便番号　162-8707
電　話　03(3260)0141
Ｆ Ａ Ｘ　03(3260)0180
http://www.asakura.co.jp

〈検印省略〉

© 2010　〈無断複写・転載を禁ず〉　　中央印刷・渡辺製本

ISBN 978-4-254-13786-6　C 3342　　Printed in Japan

東邦大 小野嘉之著 朝倉物性物理シリーズ1 **金属絶縁体転移** 13721-7 C3342　　　A5判 224頁 本体4500円	計算過程などはできるだけ詳しく述べ，グリーン関数を付録で解説した。〔内容〕電子輸送理論の概略／パイエルス転移／整合と不整合／2次元，3次元におけるパイエルス転移／アンダーソン局在とは／局在-非局在転移／弱局在のミクロ理論
東大 勝本信吾著 朝倉物性物理シリーズ2 **メゾスコピック系** 13722-4 C3342　　　A5判 212頁 本体4500円	基礎を親切に解説し興味深い問題を考える。〔内容〕メゾスコピック系とは／コヒーレントな伝導／量子閉じ込めと電気伝導／量子ホール効果／単電子トンネル／量子ドット／超伝導メゾスコピック系／量子コヒーレンス・デコヒーレンス
東大 久我隆弘著 朝倉物性物理シリーズ3 **量　子　光　学** 13723-1 C3342　　　A5判 192頁 本体4200円	基本概念を十分に説明し新しい展開を解説。〔内容〕電磁場の量子化／単一モード中の光の状態／原子と光の相互作用／レーザーによる原子運動の制御／レーザー冷却／原子の波動性／原子のボース・アインシュタイン凝縮／原子波光学／他
前東大 三浦　登・埼玉大 毛利信男・筑波大 重川秀実著 朝倉物性物理シリーズ4 **極　限　実　験　技　術** 13724-8 C3342　　　A5判 256頁 本体5200円	物性物理の研究に不可欠の最先端実験技術から，強磁場，超高圧の技術，ナノスケールでの構造解析の手段としての走査プローブ顕微鏡の3部門を取り上げ，これらの技術の最新の姿と，それによって何ができ，何が明らかになるかを解説する
東北大 家　泰弘著 朝倉物性物理シリーズ5 **超　　　伝　　　導** 13725-5 C3342　　　A5判 224頁 本体4200円	超伝導に関する基礎理論から応用分野までを解説。〔目次〕超伝導現象の基礎／超伝導の現象論／超伝導の微視的理論／位相と干渉／渦糸系の物理／高温超伝導体特有の性質／メゾスコピック超伝導現象／不均一な超伝導／エキゾチック超伝導体
前学習院大 川路紳治著 朝倉物性物理シリーズ6 **二　次　元　電　子　と　磁　場** 13726-2 C3342　　　A5判 176頁 本体4000円	半導体界面の二次元電子の誕生からアンダーソン局在と量子ホール効果の発見および諸現象について詳細かつ興味深く解説。〔内容〕序章／二次元電子系／二次元電子のアンダーソン局在／強磁場中の二次元電子の電気伝導／量子ホール効果
青学大 久保　健・東工大 田中秀数著 朝倉物性物理シリーズ7 **磁　性　Ⅰ** 13727-9 C3342　　　A5判 248頁 本体4600円	量子効果の説明を詳しく述べた，現代的な磁性物理学への入門書。〔内容〕磁性体の基礎／スピン間の相互作用／磁性体の相転移／分子場理論／磁性体の励起状態／一次元量子スピン系／ダイマー状態／フラストレーションの強いスピン系／付録
大貫惇睦・浅野　肇・上田和夫・佐藤英行・ 中村新男・高重正明・三宅和正・竹田精治著 **物　性　物　理　学** 13081-2 C3042　　　A5判 232頁 本体4000円	物性科学，物性論の全体像を的確に把握し，その広がりと深さを平易に指し示した意欲的入門書。〔内容〕化学結合と結晶構造／格子振動と物性／金属電子論／半導体と光物性／誘電体／超伝導と超流動／磁性／ナノストラクチャーの世界
学習院大 川畑有郷著 物理の考え方3 **固　体　物　理　学** 13743-9 C3342　　　A5判 244頁 本体3200円	過去の研究成果の独創性を実感できる教科書。〔内容〕固体の構造と電子状態／結晶の構造とエネルギー・バンド／格子振動／固体の熱的性質—比熱／電磁波と固体の相互作用／電気伝導／半導体における電気伝導／磁場中の電子の運動／超伝導
静岡理工科大 志村史夫著 〈したしむ物理工学〉 **し　た　し　む　電　子　物　性** 22767-3 C3355　　　A5判 200頁 本体3800円	量子論的粒子である電子（エレクトロン）のはたらきの基本的な理論につき，数式を最小限にとどめ，視覚的・感覚的理解が得られるよう図を多用していねいに解説〔目次〕電子物性の基礎／導電性／誘電性と絶縁性／半導体物性／電子放出と発光

理科大 鈴木増雄・前東大 荒船次郎・
理科大 和達三樹 編

物理学大事典

13094-2 C3542　　　　B5判 896頁 本体36000円

物理学の基礎から最先端までを視野に、日本の関連研究者の総力をあげて1冊の本として体系的解説をなした金字塔。21世紀における現代物理学の課題と情報・エネルギーなど他領域への関連も含めて歴史的展開を追いながら明快に提起。〔内容〕力学／電磁気学／量子力学／熱・統計力学／連続体力学／相対性理論／場の理論／素粒子／原子核／原子・分子／固体／凝縮系／相転移／量子光学／高分子／流体・プラズマ／宇宙／非線形／情報と計算物理／生命／物質／エネルギーと環境

日本物理学会編

物理データ事典

13088-1 C3542　　　　B5判 600頁 本体25000円

物理の全領域を網羅したコンパクトで使いやすいデータ集。応用も重視し実験・測定には必携の書。〔内容〕単位・定数・標準／素粒子・宇宙線・宇宙論／原子核・原子・放射線／分子／古典物性（力学量、熱物性量、電磁気・光、燃焼、水、低温の窒素・酸素、高分子、液晶）／量子物性（結晶・格子、電荷と電子、超伝導、磁性、光、ヘリウム）／生物物理／地球物理・天文・プラズマ（地球と太陽系、元素組成、恒星、銀河と銀河団、プラズマ）／デバイス・機器（加速器、測定器、実験技術、光源）他

C.P.プール著
理科大 鈴木増雄・理科大 鈴木　公・理科大 鈴木　彰 訳

現代物理学ハンドブック

13092-8 C3042　　　　A5判 448頁 本体14000円

必要な基本公式を簡潔に解説したJohn Wiley社の"The Physics Handbook"の邦訳。〔内容〕ラグランジアン形式およびハミルトニアン形式／中心力／剛体／振動／正準変換／非線型力学とカオス／相対性理論／熱力学／統計力学と分布関数／静電場と静磁場／多重極子／相対論的電気力学／波の伝播／光学／放射／衝突／角運動量／量子力学／シュレディンガー方程式／1次元量子系／原子／摂動論／流体と固体／固体の電気伝導／原子核／素粒子／物理数学／訳者補章：計算物理の基礎

M.ル・ベラ他著
理科大 鈴木増雄・東海大 豊田　正・中央大 香取眞理・
理化研 飯高敏晃・東大 羽田野直道 訳

統計物理学ハンドブック
―熱平衡から非平衡まで―

13098-0 C3042　　　　A5判 608頁 本体18000円

定評のCambridge Univ. Pressの"Equilibrium and Non-equilibrium Statistical Thermodynamics"の邦訳。統計物理学の全分野（カオス、複雑系を除く）をカバーし、数理的にわかりやすく論理的に解説。〔内容〕熱統計／統計的エントロピーとボルツマン分布／カノニカル集団とグランドカノニカル集団：応用例／臨界現象／量子統計／不可逆過程：巨視的理論／数値シミュレーション／不可逆過程：運動論／非平衡統計力学のトピックス／付録／訳者補章（相転移の統計力学と数理）

理科大 福山秀敏・青学大 秋光　純 編

超伝導ハンドブック

13102-4 C3042　　　　A5判 328頁 本体8800円

超伝導の基礎から、超伝導物質の物性、発現機構・応用までをまとめる。高温超伝導の発見から20年。実用化を目指し、これまで発見された超伝導物質の物性を中心にまとめる。〔内容〕超伝導の基礎／物性（分子性結晶、炭素系超伝導体、ホウ素系、ドープされた半導体、イットリウム系、鉄・ニッケル、銅酸化物、コバルト酸化物、重い電子系、接合系、USO等）／発現機構（電子格子相互作用、電荷・スピン揺らぎ、銅酸化物高温超伝導物質、ボルテックスマター）／超伝導物質の応用

倉本義夫・江澤潤一　[編集]

現代物理学[基礎シリーズ]

1. **量子力学** 　　　　　　　　　　倉本義夫・江澤潤一　本体 3400 円
2. **解析力学と相対論** 　　　　　　二間瀬敏史・綿村　哲　本体 2900 円
3. **電磁気学** 　　　　　　　　　　須藤彰三・中村　哲　本体 3400 円
4. **統計物理学** 　　　　　　　　　　　　　　　川勝年洋　本体 2900 円
5. **量子場の理論** 素粒子物理から凝縮系物理まで　　　江澤潤一　本体 3300 円
6. **基礎固体物性** 　　　　　　　　　　　　　　齋藤理一郎　本体 3000 円
7. **量子多体物理学** 　　　　　　　　　　　　　　倉本義夫　本体 3200 円
8. **原子核物理学** 　　　　　　　　　　　　滝川　昇・橋本　治
9. **素粒子物理学** 　　　　　　　　　　　　　　　日笠健一
10. **宇宙物理学と統一理論** 　　　　　　　　　　　山口昌弘

現代物理学[展開シリーズ]

1. **ニュートリノ物理学** 　　　　　　　　鈴木厚人・井上邦雄
2. **ハイパー核と中性子過剰核** 　　　　　小林俊雄・田村裕和　清水　肇
3. **光電子固体物性** 　　　　　　　　　　　　　　　高橋　隆
4. **強相関電子物理学** 　　　　　　　　　青木晴善・小野寺秀也
5. **半導体量子構造の物理** 　　　　　　　平山祥郎・山口浩司　佐々木　智
6. **分子性ナノ構造物理学** 　　　　　　　豊田直樹・谷垣勝己
7. **光物性と超高速分光** 　　　　　　　　石原照也・岩井伸一郎
8. **生物物理学** 　　　　　　　　　　　　大木和夫・宮田英威

上記価格（税別）は 2010 年 7 月現在